U0041030

22個心美、嘴甜、不矯情的職場態度

# 黃金15秒的感動溝通

戴晨志

【自序】

# 用愛的正能量，善待他人

## ——嘴巴要甜、身段要軟、嘴巴要揚

戴晨志

近年來，大陸遊客來台灣旅行的人數大增，而台北市的國父紀念館，是遊客必到的景點之一，一年多達八百萬人次；很多遊客都想一睹國父紀念館內，雄糾糾、氣昂昂的衛兵，動作整齊劃一，以及持槍表演、交接的儀式。

可是，前一陣子國父紀念館卻發生了一件新聞，即館區內的男廁小便斗發生故障，館方一直懸掛「故障」的牌子，不讓民眾使用，長達半年；館內人員卻無人聞問，始終沒派工人修理，讓民眾大呼不可思議。

此事成為媒體新聞後，行政院長也大為震怒，國父紀念館才趕快緊急搶修；經過五天的快速施工，終於將故障的廁所修復，供大量遊客暢快使用。

### ■以客為尊，用真誠與真情提供服務

這件小事說明了，許多公務人員都沒有「以客為尊」、「真誠為遊客服務」的觀念；事事得過且過，事不關己，只要上級不怪罪就好了！

可是，一個政府單位、企業，都應時時為民眾服務；每個主管與員工的動作、說話，或是設施，所呈現出來的，都是「形象廣告」啊！廁所小便斗壞了半年，無人理會，怎能為民服務啊？

其實，一個真誠、感動的服務，就是最好的行銷；絕佳的感動服務，就是絕佳的溝通，絕對會讓民眾的感受，大大不同。

**所以，能夠「以客為尊」，也超越顧客的期待，給予真誠的服務，才能贏得顧客的肯定與歡心啊！**

## ■服務攻心，給予顧客「意外的驚喜」

有一次，我到桃園縣的一加油站加油，也順便到洗手間。一走向洗手間，讓我的眼睛為之一亮！因為，這個加油站居然種滿了美麗、青翠的花草。

平常，我們到加油站的洗手間，都只是普通的洗手間；可是，這加油站的入口，竟鋪了綠色的人工草皮，兩側還種植漂亮的盆栽，也綻放著花朵……

最叫人吸睛的是，這洗手間的入口，還貼著對聯，右聯寫著：

**「英雄豪傑在此忍氣吞聲」**

左聯寫著：

「貞節烈女在此寬衣解帶」

橫批是：

「川流不息」

看到這幅對聯，我不禁會心一笑，也用手上的相機，把這幅對聯拍攝下來！

我相信，這加油站的站長，做事是十分用心的，也用真心、真情為來加油的駕駛人提供最佳服務。

所謂「服務攻心」，就是——只要真心與用心地為顧客付出，就能散發出一股「愛的能量」，也給予顧客一個「意外的驚喜」，來打動顧客的心，也建立起顧客的忠誠度。

## 有優質服務，才有「高顧客滿意度」

在本書中，我將多年來的觀察，與親身消費的經驗，以及所搜集的故事資料，寫成這本有關感動服務的書。我個人的工

作，並非在服務業為消費者服務；然而，我以一個消費者的角度，來寫出我個人的觀察與心得。

我將全書的內容，區分為四大主軸：

**一、感動：以客為尊，贏得顧客歡心**
**二、真心：服務攻心，散發愛的能量**
**三、熱情：陽光態度，跑贏顧客期待**
**四、尊重：先予後取，用真心換真情**

其實，「感動，是成交的開始。」

消費者若沒有感受到員工服務的「真心」、「熱情」與「尊重」，心中就不會產生「歡喜、驚喜與感動」，也就不會達成交易，更不會有所謂的「品牌忠誠度」。

其實，在服務與溝通中，只要「嘴巴甜、臉微笑」，就可以拉攏顧客的心。如果服務態度是冷淡、冷漠、不懂微笑，怎能拉近與顧客之間的距離？怎能累積「愛與感動的存款簿」？

顧客只有對服務感到「滿意」與「被感動」，才能繼續成為高忠誠度的老顧客！也只有用心、體貼、驚喜的服務，才能提高員工與品牌的

「指名度」，進而提高企業與公司的形象與績效。

## 打開心窗，用善念對待他人

最近媒體報導，彰化市一位吳先生帶著論及婚嫁的陳姓女友，高興地到台中一家婚紗攝影公司，想洽談租借禮服攝影；但女店員看陳小姐體重六十公斤、擁有E罩杯，就說：「我們的婚紗禮服都是用純手工製作、尺寸偏小，妳穿得下我們再來談……」「妳的身材比較豐滿，可以挑的禮服只有三、四件，真的很有限啦……」

這些話，聽在歡喜即將結婚的吳先生、陳小姐的耳裡，很不舒服，也氣得兩人掉頭就走！

因為，「輕薄的話，會刺傷顧客的心啊！」

也因此，感動服務與溝通，就是用善心美意的態度來說話，也將每個顧客視為自己的親人或朋友，真誠的善待他、關懷他。

所以，口中所說出的話，若能充滿讚美、肯定、鼓勵；而且「嘴巴要甜、身段要軟、嘴角要揚」，就能散發「愛的正能量」，也一定可以讓顧客因「滿意」，而產生「感動」啊！

所以，「打開心窗，用善念對待他人」，就是最心美的感動服務與溝通啊！

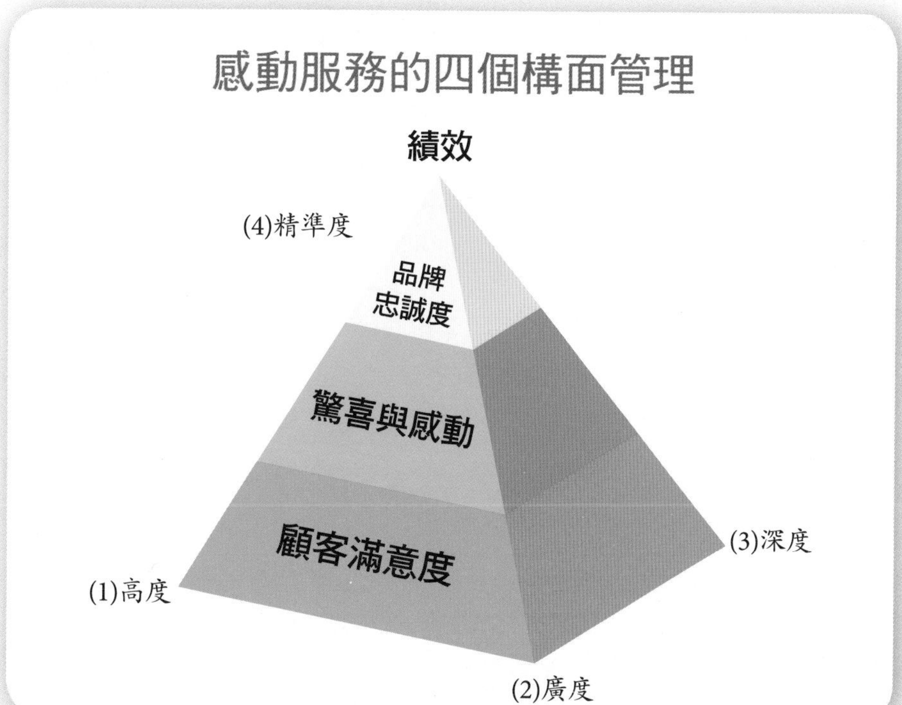

# Contents 目錄

## 輯二 真心：服務攻心，散發愛的能量

輯三

## 熱情：陽光態度，跑贏顧客期待

# Contents 目錄

## 輯四 尊重：先予後取，用真心換真情

# 輯一

# 感動

# 以客為尊，贏得顧客歡心

# 餐廳經理送的西裝褲

感動密碼

## 真誠道歉，贏回顧客的稱讚

在接待客人時，若態度不佳，
則並不是「100－1＝99」，
而是——「100－1＝0」；
因客人將不會再光臨、惠顧了。

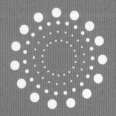

我有一個好朋友吳先生，週六晚上帶家人到天母一家百貨公司樓上的餐廳，去吃晚餐。當晚客人很多，高朋滿座；當吳先生和家人正開心的聊天、吃飯時，一女服務生也忙著收拾旁邊一桌客人剛離開的碗盤。

這天，餐廳裡的客人實在太多了，女服務生也一直很忙碌，來回不斷地送茶、送碗筷、端菜……可是，當她在收拾碗盤時，一不留神，竟把手上堆疊的碗盤打翻了！

一堆的碗盤一下子滑落到地上了，碗盤也破了，而倒流出來的食物殘餘、湯汁……則濺噴到吳先生的西裝褲上。

媽呀，吳先生的西裝褲濺滿著殘渣，湯汁也滲透到大腿上，讓他覺得黏黏稠稠的，很不舒服……唉，真是有夠倒楣的！

此時，女服務生看到自己闖了禍，連忙趕快彎腰、鞠躬說：「先生，對不起、對不起，實在很對不起……」

女服務生一邊道歉、賠不是，也請吳先生一家人，更換到一間更高級的包廂座位，讓她來清理打破的碗盤、殘渣。

當然，遇到這種倒楣的事，能怎麼辦呢？吳先生心裡很不高興，但也只能忍著，總不能當眾大發脾氣；畢竟人家女服務生又忙、又累，手腳都很痠；而且，她也不是故意打破的。

## ■ 經理真心誠意的道歉

不過，不到三、五分鐘，一位餐廳男經理走了出來，又是客氣、恭敬、九十度鞠躬地說：「先生，很抱歉，剛剛我們小姐一不小心，把您的西裝褲弄髒了，實在很對不起……我們知道，現在您穿著這西裝褲，一定很不舒服！這樣好不好？如果您願意的話，我們這棟百貨公司有男士西裝專櫃，您可以現在去挑選一件您合適的西裝褲，看看費用多少錢，由我們來付，這樣好嗎？」

吳先生一家人一聽，全都傻了眼——「啊？現在去挑買一件新的西裝褲，費用由餐廳來付？」

「真的，沒關係，先生，您別客氣，您去買，我們來付費……」經理真心地說道。

「好，好，我們先吃飯再說吧！」吳先生答。

## 鞠躬、送禮、彎腰，目送離開

「後來，你去買西裝褲了嗎？」我問好友吳先生。

「哎呀，怎麼好意思去買新的西裝褲呢……人家做生意的，也沒賺多少錢，也不是故意的，不好意思啦……倒是我女兒一直說，爸，我們去挑一件最貴的啦，哈！」吳兄笑笑地對我說：「不過，後來經理看我沒去買新西裝褲，又對我說，如果我這件弄髒的西裝褲，拿去洗衣店送洗，費用也可以由他們來支付……」

「哇，這麼有誠意啊，真是難得！」我說。

「對啊，我第一次碰到這麼有誠意的餐廳經理！」

吳先生後來又對我說，當他們吃完飯、結帳離開時，男經理又趕過來，雙手拿著一大包的「冷凍豆沙包」送給他；還親自遞上名片，送他們到門口，一直彎腰鞠躬跟他們全家道歉、賠罪，也目送他們離開。

## 感動服務小啟示

- **不管各行各業，員工的應對態度，都是非常重要的。**

員工的每個動作、每一次開口說話，其實就是一個「企業形象廣告」，它代表著員工個人，也代表著整個公司的形象。

- **在接待客人、服務客人時，**

**並不是「100－1＝99」，而是——「100－1＝0」。**

因為，一個員工若是態度不佳，或是對話失禮、冒犯客人，則企業或公司，不是只被扣一分，還剩「九十九分」；而是，因著扣這一分，會變成「0分」——可能永遠失去了這名客人的信任，他也將不再光臨、惠顧了。

- **一個真誠、感動的服務，就是最好的行銷！**

就像本文中的餐廳經理，當員工不小心弄髒客人的西褲時，願意真誠支付客人購買新西裝褲的費用、或送洗的費用，也親自贈送了禮物、道歉，表示失禮、賠罪。這樣的舉動，一定會獲得顧客的肯定和讚揚。這，豈不就是最佳的服務與形象廣告？所以——

- 絕佳的服務，讓企業與眾不同。
- 感動的服務，就是最有效的行銷。
- 顧客至上的服務，會讓顧客願意一再惠顧。
- 真誠的服務，讓公司帶來更好的獲利，也建立顧客的忠誠度。

## 這樣做，客戶好感動

**1.** 顧客服務的不變鐵則：

(1) 顧客永遠是對的。

(2) 如果顧客是錯的，請重讀第一條規則。

**2.** 在顧客離去時，要彎腰、鞠躬、感謝，並揮手目送離開。

**3.** 待客態度不佳時，請記得——「100−1=0」。

# 在加油站
# 遇見天使

感動密碼

## 以客為尊、超越顧客期待

真誠的服務，
不在於外表的美麗、俊帥與否？
而在於發自內心，
願為對方無所求的付出與幫助。

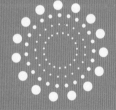

結束一個電台的節目訪問，我開車離去。經過高架橋下的「陽光加油站」時，我發現車子快沒有汽油了，我停下車，順道加個油。

「歡……迎……光……臨……」迎面而來的是一個男服務生，他的頭頸上，吊掛著大白紗布，肱著左手，顯然地，他的左手受傷了。

「請問……加……什麼油？」這服務生講話速度很緩慢，而且，舌頭像是短了些似的，講話不是很流利、順暢。

「九五加滿。」我隨口說。

我看著這大男生，用右手慢慢地轉開油蓋，再用右手，慢慢地拿起油槍，放進加油孔、加油。隨後，他走了過來，問我：「先生，請問……你……你是要刷卡……還是付現？」

我沒講話，只把準備好的信用卡和統一編號卡片，拿給他。

平常，我都在順路回家時順便加油，很少在此雇用殘障者的加油站加油。

當汽油加滿、油蓋轉緊了後，這左手肱著、頭頸吊掛白紗布的大男生，緩慢地把帳單拿給我簽名，再把打好的發票和信用卡，一起交還給我。

這時，我的車窗尚未搖起。正當我要將電動窗升起時，這大男生低側著頭、直趨近我。直覺上，我感到一些壓迫感，因我不知道他想幹什麼？……

油都加滿了，帳單也簽了名，信用卡也還給我了，我也要走了，他的頭和身體要如此靠近我做什麼？真的，我感到有些不自在。

此時，他用有點漏風的舌頭，遲緩地對我說：**「先生……你車上……有沒有垃圾……你拿給我……我……我可以……幫你拿去……丟掉……」**

## 這是我聽過最美善、溫暖的一句話

天哪，我愣了一下，像觸了電一般，我全身都酥麻了！

當時，我的腦中空白了兩、三秒，才回過神來，對他說：「喔，不用了，我沒有垃圾，謝謝你！」

而後，我踩著油門離開加油站，眼眶也溼紅了起來。

大男生，謝謝你！我在國內外開車三十多年，加了無數次的汽油，但，你的這句話，卻是我所聽過，最溫馨、最美善、最令我感動的一句話！

因為，你是第一個主動說——「想幫我把車上的垃圾，拿去丟掉的人」。

**用心的服務，不在於外表的美麗、俊帥與否？**
**真心的服務，不在於言詞是否流利、聲音好聽？**
**真誠的服務，在於發自內心、願意為對方無所求的付出和幫助。**

雖然，他的外表不俊帥，右手吊掛著紗布；雖然，他的口齒似乎漏風、說話不清楚；雖然，他的動作遲緩……

然而，他那一顆美善、真摯為客人服務的心，卻是令人無限的感動！

## 感動服務小啟示

● **一個人，即使有殘缺，但只要「心美」，就會帶給別人無限的感動。**

其實，在職場上，「專業」很重要，但是「敬業」更重要。

一個員工若有專業技能，但服務態度不佳、與同事合不來，或經常與客戶起衝突，那麼，空有「專業」又有什麼用？

所以，「敬業，勝過專業啊！」

- **「客氣與禮貌，就像是輪胎裡的空氣，它不費分文，卻能使開車的人，旅途更為愉快！」**

的確，對顧客的態度客氣、有禮貌，也「超越期待」（Exceed Expectation），就會讓顧客感到「以客為尊」的倍受重視，也會對這樣的禮遇與服務，留下深刻的印象！

- **「Sales is service, service is love.」**
**（銷售就是服務，服務就是愛。）**

一個銷售或服務人員，若能心中存有愛心、善心與真心，來為消費者服務，就一定能贏得消費者的讚賞！

也因此，調整職場工作態度，讓自己用微笑、真誠的目光接觸客戶，以及發自內心的歡喜，來為顧客服務，就一定可以擄獲客戶的心，也讓自己天天「樂在工作、樂在人生」。

## 這樣做，客戶好感動

1. 真誠、溫暖、美善的服務態度，會帶給顧客無限的感動。
2. 以客為尊，也讓顧客有「超越期待」的禮遇，就能贏得讚賞。
3. Sales is service, service is love. 銷售就是服務，服務就是用愛心，來善待顧客。
4. 用熱忱與關懷，成為吸引顧客的「正能量」。

# 阿基師的**面試**

感動密碼

## 黃金服務十五秒，吸引顧客

做好服務的感動力，
自然會吸引更多顧客光臨；
也會讓「假」變成「甲」，
讓「憂」轉變成「優」！

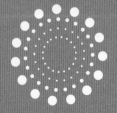

多年前的一天，我和內人帶著小兒、小女一起逛百貨公司，想買一套西裝；一進了男士服飾的樓層，一眼望去，琳瑯滿目，盡是各家西服公司的專櫃，也不知道該向哪一家買？我們只好一家家閒逛、隨便看看……

走了大約五家店，突然看見一女店員向著小兒、小女笑嘻嘻地走來，並彎下了腰，摸著孩子的臉說道：「哎喲，你們兩個小朋友好可愛哦……哥哥長得這麼帥，眼睛又大又有雙眼皮，將來一定是個大帥哥……妹妹的皮膚也這麼白、這麼漂亮，而且還穿同一顏色的兄妹裝，真的好可愛哦……」

這時，女店員又轉過頭對著內人說：「妳這個媽媽真的很會養哦，怎麼兩個小孩都長得這麼漂亮、可愛，真的好棒哦……」

哇，這女店員的嘴巴真甜，雖然她不是挺漂亮，但是滿臉笑嘻嘻的，而且所說的話，句句讓人聽了既高興、又開心、很陶醉……所以，下一步要往哪裡走呢？當然，就是往那女店員的專櫃裡走啦！

就這樣，當我們跟著這女店員一踏進她的專櫃，就一發不可收拾，因為這女店員一直稱讚內人：「妳的兒子、女兒都這麼可愛又乖巧，妳這個媽媽一定很會教育小孩哦……」

這女店員又說：「不像我沒唸什麼書，工作又忙，沒有時間陪孩子……妳兒子、女兒的功課，一定都很棒對不對？我看妳，就很會教小孩的樣子！」

此時，兒子、女兒頑皮地跑來跑去、互相追逐，內人趕緊阻止：「不要亂跑、不要大聲叫，免得吵到別人……」

「沒關係、沒關係，小孩子本來就活潑、好動，讓他們跑一下沒關係……」這女店員很客氣地說。

後來，這女店員又說：「太太，妳很會穿衣服耶，妳的眼光很好，衣服也都搭配得很好看，很適合妳的身材……」

天哪，這女店員真會講話，讓內人聽了心花怒放！

在這家西服專櫃裡，女店員和內人聊得很開心，也沒啥壓力；後來，我太太竟然對我說：「你難得出來買西裝，這幾件西裝的尺寸也都滿合身的，我看，我們乾脆買三套吧！」

媽呀，一次買三套西裝？有沒有搞錯啊？……可是老婆大人這麼說，我恭敬不如從命！我知道，她以前也曾被女店員的甜言蜜語、猛灌迷湯，而一次買了「四套衣服」回家！哈……

## ■抓住「黃金服務十五秒」

澳洲有一位「年度風雲經理人」凱瑟琳．迪佛利，寫了一本暢銷書《Good Service is Good Business》，中文譯名《黃金服務十五秒》，內容強調——

**員工和顧客每次接觸的時間至少超過十五秒，但只要好好把握住這「關鍵的十五秒」，也就是「黃金的十五秒」，就能留住顧客、達成交易！**

這樣的論點，真是深獲我心。

真的，一個店員，只要面帶微笑、嘴巴甜、肯衷心稱讚顧客，一定可以拉攏顧客的心；就像那家百貨公司專櫃的女店員，一直稱讚小兒、小女，做父母的，哪有不心花怒放、不達成交易的道理？

## ■「腳在門檻內」效應

**其實，從社會心理學的角度來說，一個服務人員只要能抓住「關鍵的十五秒」，以笑臉稱讚對方，讓「客戶的腳」願意踏入店裡一步，就已經是**

**成功了一大半，這也就是所謂——「腳在門檻內的效應」！**

所以，服務客戶，最重要的就是那「關鍵的黃金十五秒」；銷售人員只要抓住一見面的關鍵十五秒鐘，就可以決定顧客的腳，會是在「門檻外」或是「門檻內」，也就決定了交易的成與敗。

### 感動服務小啟示

● **服務的基本態度——熱情、活潑、主動、積極、用心、細心。**

知名國宴主廚「阿基師」，曾經代表福容飯店到中部地區徵才，吸引了大批求職者，要搶八百個職位。

阿基師說，他選才的標準，是從一個人的走路姿勢來做初步判斷；如果步伐拖地、抬不起腳的人，約略判斷，他的積極度可能有問題；步伐輕盈穩健、面帶微笑的人，是優先選才的人選。

同時，在面試談話中，應徵者的眼光很重要——是不是專心注視著主管？若眼神自信、堅定，也充滿微笑，第一印象分數就有了！

阿基師強調，想從事服務業很簡單，但，如果「腳步沉重」、「沒有微笑」、「眼神飄忽閃爍」，第一關就會被淘汰、刷掉。

● **學理觀念上來看，顧客決定消費的關鍵要素有三：品質（Quality）、價格（Price）、服務（Service）。**

把這三項要素的第一個字合起來，就是「QPS」。當然，品質好、價格合理，大家都會想購買。但是，假如銷售服務人員的態度不佳，則「QPS」就會被大打折扣，以致消費者不願再光臨、惠顧。

● **要讓顧客「開心、安心」，才會對品牌有「忠心、信心」。**

要做到感動服務，必須提高「S」的服務感動力，自然會吸引更多顧客的光臨。所以，成功的服務業，必須讓「假」變成「甲」；讓「憂」轉變成「優」！

## 這樣做，客戶好感動

1. 抓住「黃金服務十五秒」，吸引住顧客。
2. 發揮「腳在門檻內效應」，讓顧客踏入店內，完成交易。
3. 「熱情、活潑、主動、積極」，是成功服務的基本態度。
4. 要讓顧客「開心、安心」，也提高服務感動力，才會增加顧客的「信心與忠心」。

# 總裁的**揮手送別**

感動密碼

## 柔軟與窩心，贏得顧客的心

到日本旅遊時，
遊覽車要離開飯店時，
門口一定會有員工們列隊，
不停地揮手、歡送……

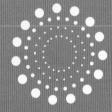

曾經被邀請到一家大型物流公司演講，演講結束後，女承辦人對我說：「戴老師，我們老闆想請您留下來，一起吃午餐……我們老闆平常可是不太跟講師吃飯的哦，今天他心情很好，希望跟戴老師多聊、多交流一下……」

聽女承辦人這麼一說，我受寵若驚，也恭敬不如從命。

那午餐，在員工餐廳裡一起用餐，並沒有什麼特別，只是感受到，老闆如此用心，也願意和我這個晚輩多多互動、交流；而且，老闆也很爽快地答應，購買三千本我的著作，贈送給員工們閱讀。

哇，這真是出乎我意料之外！因為，平常一名作者，書一本一本在書店裡賣，賣到一、兩千本，都已經很不容易了；而這位老闆竟然如此厚愛我，一次就購買三千本，太感激了！

飯吃完了、話也談完了，我要離去，老闆堅持要送我上車。我上了車，發動引擎，也拉下車窗，看到老闆與女承辦人熱情地對我揮手，目送我離開。

那公司的中庭，是一個寬敞、類似三合院的廣場；**當我的車子一直往前開，大約一百公尺時，要右轉了；此時，我從車內的後視鏡中，看到那老闆與女承辦人，竟然還站在原地，一直跟我揮手、致意……**

天啦，這……讓我太感動了！

平常，我去各地演講，經常碰到的情況是——

一、大部分的老闆，不會來送講師；

二、有些主管，會交代承辦人送講師；

三、也有些承辦人演講會結束後，自己先開溜、跑掉了……

然而，這是我第一次碰到——大老闆先肯定、稱讚、請吃飯、購書，又親自送講師上車……甚至，講師的車子離開、快一百公尺時，看到大老闆與承辦人，竟然還在對講師揮手、目送，直到車子右轉、看不見為止。

說真的，假如是您遇見如此禮遇客人的大老闆，您也一定會感動在心！

## 抓住每次可以揮手道別的時刻

我也曾遇見到這樣「被禮遇」的場景：

一、到日本旅遊，當遊覽車要離開住宿的飯店時，飯店門口一定會有員工們，排成一行，熱情地與即將離開、坐在遊覽車上的貴賓，不停地揮手歡送，直到遊覽車離去為止。這一幕，讓人歡喜、難忘、感動！

二、每當我去探望我母親後，開車要離開時，要經過一條小巷道；小巷道兩旁，都停放著機車、轎車……我必須小心開，免得碰撞到其他車。而當我要轉彎時，我總是從後視鏡中，看到母親老邁的身影，還遠遠地站在我車後面，仍然對著我，不停地揮手，直到看不到我為止。

**因為，我是她兒子，她心疼我、看重我、疼愛我，也把握住「每次可以揮手道別的時刻」。**

我在想，員工對待顧客，若也能如此熱情、善待的話，顧客怎會不感動呢？怎麼會有消費糾紛呢？

## ■態度柔軟、體貼，就能贏得顧客的心

我常受邀到美容、美髮業演講，我問員工們：「客人剪完髮，或洗燙完頭髮後，付了錢，你有親自送客人到店門口、彎腰、鞠躬致謝，並揮手、目送客人離開的，請舉手？……」

結果，並沒有多少人舉手。因為，客人付完錢，交易已經完成，幹嘛還要那麼客氣？自己有手有腳，自己走出去就好了！

**可是，想要給顧客留下好印象、要拉住顧客的心、要抓住顧客最佳的忠**

**誠度，就必須有更柔軟、更體貼、更窩心的動作。**

當然，現在許多行業都已經在提高服務品質——大飯店門僮會為客人開門，汽車銷售員或房屋銷售、仲介員會親送顧客到門口、離開，甚至為顧客指揮交通……這，就是絕佳的「感動服務」。

只要做好感動服務，公司與員工被肯定的**「指名度」**，以及消費者的**「忠誠度」**，絕對會大大增加，收入也就會快速增加。

## 感動服務小啟示

- **人際的互動，不是全靠網路、或是數位行銷，而是——是否有「打動消費者的感動點（Touch point）？」**

如果，一個消費者的心能夠被打動，「成交」就不會是一件難事；而且，他們肯定會歡喜地回來重複消費的。

- **「要獲得一位新顧客的肯定，其付出成本，是留住一位舊有顧客的五倍。」**

要拉住新顧客的心，就要付出更多的柔軟、體貼、溫暖的動作，讓顧客能「被感動」，使他成為店裡的常客、老顧客。

- **行銷人員要懂得裝扮自己、投資自己。**

投資專業、投資人脈，並以柔軟的身段與積極態度，來打動對方，並贏得顧客的欣賞與信任。

員工或銷售人員，必須讓自己看起來就是一個「極好的產品」，也懂得「為成功而打扮，為勝利而穿著」。

● **沒有不對的客戶，只有不夠好的服務。**

「賣什麼」不重要，重要的是「怎麼賣」？怎麼打動對方？

沒有賣不出去的貨，只有賣不出貨的人。

成交，不是因為「手腳快」，而是因為「有方法」。

## 這樣做，客戶好感動

**1. 把握住每次可以揮手道別的時刻，真心相待。**

**2. 要抓住顧客的心，就必須更柔軟、更體貼、更窩心、更嘴甜。**

**3. 要懂得主動觸及顧客的「感動點」。**

**4. 沒有不對的客戶，只有不夠好的服務。**

# 汽車業務員的玫瑰花

感動密碼

## 要超越顧客的心理期待

每個人的身上，
都散發著一個「無形的訊號」，
那就是——
「讓我感覺自己很重要！」

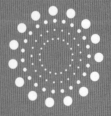

全世界知名的「玫琳凱化妝品公司」創辦人玫琳凱女士，已於多年前過世；她死前曾說過一則故事——

她六十多歲時，曾開著一輛老舊的汽車，到福特汽車的展示中心去，當時她手頭上剛好有一筆錢，想買一部新轎車。

那天，她穿著樸素的衣服，下了車，獨自走進了福特展示中心；業務員看她開著老舊的車子前來，心裡想：這老太婆應該買不起新轎車，所以就不把她當一回事。當時，剛好是中午時刻，男業務員說，他正趕著赴一個午餐的約會，請她改天再來看車，就託辭先走了。

於是，玫琳凱只好悻悻地逛到附近的Mercury的汽車展示中心。

那時，Mercury汽車中心正在展示一輛全新出品的轎車，儘管玫琳凱很喜歡這輛車，但價錢卻遠超過她原本的預算。可是，那業務員的談吐十分殷勤、和善、誠懇；而在閒聊時，男業務員問她：「太太，為什麼妳今天想來買車子呢？」

玫琳凱女士說：「因為……今天是我的生日，所以想買一部車送給自己，當做生日禮物！」

「啊？真的，今天是妳的生日，太好了！祝妳生日快樂！」

後來，業務員禮貌地說他有點事，請求離開一分鐘。這業務員進入了辦公室，不知道忙些什麼，但也隨即就回來，繼續與玫琳凱女士一起討論新車的性能，以及新功能……

## 給予顧客意外的驚喜

您知道嗎，大約十五分鐘之後，花店的小姐送了「一大束玫瑰」過來；而那業務員，就把整束玫瑰花送給玫琳凱女士，也大聲地對她說——「太太，祝妳生日快樂！」

天哪，玫琳凱說，當時她真的太訝異、太驚喜、太意外了！她萬萬沒有想到，這名男業務員竟然在知道她生日的十五分鐘之內，立刻派人送了一大束玫瑰花過來，送給她！

親愛的朋友，請您猜猜看，後來玫琳凱小姐，買的是福特汽車，還是 Mercury 汽車？我想，您一定猜得出來，玫琳凱後來成交、購買的是——遠超過她原先預算的 Mercury 黃色轎車。

因為，那聰明的業務員看到，**玫琳凱女士身上正散發著一個無形的訊**

號——**「請你讓我感覺自己很重要，不要讓我被輕忽、不被看重。」**

而這業務員所表現的，正是讓玫琳凱女士感覺「自己很重要、很受禮遇」——給她驚喜、給她意外、給她感動！

我在想，如果換成我去買車，而受到如此禮遇相待，我可能也會和玫琳凱一樣，十分感動地簽下買車訂單；畢竟我們都希望「被重視、被禮遇」，而不喜歡不受重視、被當成「空氣」啊！

## ■ 每個人身上都有「看不見的訊號」

心理學中告訴我們：**每個人的身上都散發著一個「看不見的訊號」**，那是什麼訊號呢？**就是——「讓我感覺自己很重要！」**（Make me feel important!）

想想，真的是如此啊！我們一直都希望別人看重我們，不要視我們為無物；相同地，對方其實也正帶著那「看不見的訊號」——我們也要讓對方感覺他很重要！人際互動，本來就是互惠、互饋的呀！

## 感動服務小啟示

●**付業務員或員工薪水的人，不是「雇主」，而是「顧客」！**

沒有顧客的光顧和消費，雇主怎麼會有錢付給員工薪水？所以，我每次看到員工態度不佳、臭著臉、或口氣不好……我心裡就很難過——為什麼這些員工不懂得去感動顧客的心？如果，員工的服務態度不佳，你怎麼可能賺到顧客的錢？你怎麼可能被主管肯定、提拔、升遷？你可能永遠只是一個小員工，或等著有一天被老闆炒魷魚！

●**大部份的客人，對於員工不滿意的服務，都不會出聲抱怨，而是選擇「默默離去」，並且心裡發誓——我再也不會再回到這家店。**

這也就是我們先前提到的，「100－1＝0」的道理。如果員工的服務態度能「超越期待」、「獲得意外驚喜」，那麼，顧客一定滿心歡喜、深受感動，覺得獲得超值禮遇，最後與員工達成交易。

● **感動服務，就是「超越顧客的心理期待」。**

真正懂得感動服務的員工，會懂得顧客的心理，會直覺、主動地打破既有原則，給予顧客「不是一視同仁」的高規格禮遇，也給予他「超受尊重」的滿足感！

所以，面對顧客，必須先給予笑容、溫暖對待，再說些肯定、讚美的好話，然後，又給予售後服務的承諾，再奉上「超值的意外驚喜」；這樣，哪有產品會不成交的道理？

**這樣做，客戶好感動**

1. 要讓顧客受尊重、受禮遇，就要讓他感覺自己很重要。
2. 支付業務員工薪水的人，是顧客，不是老闆。
3. 只要讓顧客「超越心理期待」，又有「超值的意外驚喜」，必定能成交。
4. 笑口常開，鐵定到處吃得開。

## 感動、滿意服務的三環型圖

# 牙醫師的**來電**

感動密碼

## 溝通時，讓語言充滿愛的溫度

給人歡喜、給人關心，
給人溫暖、給人打氣；
主動問候他人，
人與人之間的情誼，就會加溫。

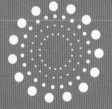

曾經，在喝冰水時，我的牙齒感到痠痛，所以下班時，在回家的路上看到有一家牙科診所，就進去治療。一進去，哇，裝潢很漂亮、乾淨，護士們也都穿著整齊雪白的制服；顯然地，這家聯合牙醫診所頗有規模。

護士幫我拍完牙齒的X光照片後，牙齒的照片就立刻傳送到我看診座椅的前上方。一位男醫師戴著口罩，細心地幫我檢查牙齒痠痛的問題。

「戴先生，你的牙齒痠痛並不是蛀牙的問題，而是牙齦發炎……你在剔牙的時候，最好用牙線，不要用牙線棒，免得牙縫裡的細菌相互感染……」這男牙醫師對我說。

我張開嘴巴，不太方便說話，只好點點頭。

「我幫你洗洗牙，讓牙齒清潔乾淨，你回去按時吃消炎、止痛藥，過兩、三天就會好了！」牙醫師說完，立即細心地用器具，把我的每一顆牙，都清洗得十分乾淨。

牙醫師一直戴著口罩，我看不清楚他的長相，只感覺他是個耐心的年輕牙醫師。臨走時，他又交代我：「如果牙齒不痛了，那顆止痛藥就不用吃，只吃消炎藥就好了。我先幫你預約下星期回診的時間，護士前一天會通知你回診……」

嗯，這牙醫師真的很有耐心。當晚我吃完藥，隔天，情況好了很多。

## 他，竟然主動來電詢問病情

隔兩天的晚上，我接到一通電話：「戴先生，我是牙醫師，你前天來看牙齒，現在狀況怎麼樣？……」

我接了手機，愣了一下。因為，我從小到大，過了五十歲，從來沒有一位醫師會在看完病之後，主動打來電話詢問我相關病情。

「噢……」我甚至連牙醫師姓什麼都不知道，只有吞吐地說：「我……牙齒好多了，只是喝冰水時，還有一些些痠的感覺……」

「沒關係，應該就快好了！你下週一來回診時，我再幫你擦一些XXX，就沒問題了。噢，對了，你有用抗過敏的牙膏嗎？」男牙醫師問。

「沒有耶！」

「那下次你來時，我再給你試用的抗過敏牙膏……」

接了這通電話，心裡真是窩心；這男牙醫師親切、用心地詢問病況，讓我留下深刻的印象。如果，每個醫師都能有如此的主動關心、親切問候的態度，怎會有醫療糾紛呢？醫師若是太忙了，請護士代勞，也是可以啊！

**「給人歡喜、給人關心、給人溫暖、給人打氣。」**多令人感動啊！

真的，每個人都是喜歡被關心的。

一通電話的問候、關心，也懂得「設身處地、體貼他人」，就會使語言充滿**「愛的溫度」**，人與人的情誼，也就逐漸加溫。

心理學家說，每個人都有**「自我尊嚴感的需求」**，只要多一些用心、關懷與溫暖，人就會有**「被看重的感覺」**，自尊需求也會得到滿足！

該診所的牙醫師知道這些觀念，也多用心在病人身上，生意自然興隆、財源廣進啊！

## 感動服務小啟示

● **「凡事主動，才不會掉入黑洞——服務即攻心！」**

到了我這個年紀，坦白說，我曾經換買過十輛以上的轎車，但是，大部分汽車的銷售業務員，在購車手續完成之前，都很積極、很熱心，也很主動地不斷打電話聯絡，希望能盡快達成購車的交易。但，一旦付完車款、交完新車，許多業務員就不再聯絡了，電話也從此不再打了；因為，交易已經完成，佣金已經拿到了，就不必再那麼積極、用心了。

可是，銷售服務人員，凡事都必須主動、積極，才能讓別人感動啊！

## ●「一等於二百五十」定律。

美國有一位汽車銷售冠軍的業務員曾說過——「一等於二百五十」定律。

這是什麼定律呢？這業務員解釋說：「假設一個客戶有二百五十個朋友，那麼，十個客戶就有二千五百個朋友，這是多麼大的潛在市場啊！我們怎能小看一個客戶呢？」

的確，每個人都有自己的朋友，只要我們主動打電話問候「潛在的顧客」，我相信，好運就一定會發生——因為朋友就會介紹更多的朋友啊！

## ● 提早一秒把好話說出，就能贏得好人緣。

我曾主動打電話給某一個基金會雜誌的主編，也真心、由衷地稱讚她的雜誌編得真好、真棒、很有內容、封面設計很漂亮……您知道嗎，因為我這一通電話，她好開心、好感動，馬上說，她可以用基金會的款項，購買我兩千本書。

哇，這不是好運降臨嗎？所以，「主動打個關心的電話給老朋友、舊客戶、或新朋友，就會有好運來臨。」

## ● 要不斷增加自己的「人脈存摺」。

「別人沒有認識我們、親近我們、喜歡我們的義務，但是，我們卻有『自我推銷』的權利。」

做好人際關係，主動多打些問候的電話，提早一秒把好話說出口，就能使我們的事業如虎添翼！

只要我們不斷增加「人脈存摺」，就等於有許多貴人對我們提攜、相助，也必定會使我們的事業邁向亨通！

## 這樣做，客戶好感動

1. 主動問候、關心、打氣，就會使雙方的關係，充滿「愛的溫度」。
2. 每個顧客，都有「自我尊嚴感」與「被看重的感覺」，需要被滿足。
3. 提早一秒把好話說出，就能贏得好人緣！
4. 凡事主動，才不會掉入黑洞。

# 輯二

# 真心

# 服務攻心，散發愛的能量

# 旅館服務生的
# 休息室

感動密碼

## 服務攻心，就會遇見天使

想要感動顧客，
就是將每一位顧客，
視為自己的親人，
而且真誠地善待他、關懷他。

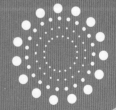

曾經有一對老夫妻拉著行李，在美國費城的街道上找尋旅館住宿；可是，當天是費城的大節慶，所有的旅館早都已經被預訂光了，而且戶外還不斷地下著雨。

這對老夫妻幾乎快走不動了，最後他們來到一間普通的小旅社，疲倦地走進去；老先生筋疲力竭地對櫃檯職員說：「先生，請你不要告訴我已經沒有房間了好嗎？……我們是從外地來的遊客，可是，遇上你們的大節慶，我們四處都找不到旅館可以住……現在已經是半夜了，我們兩個老人家走得好累，拜託你幫我們找個房間好嗎？」

這男服務生看著這對疲累的老夫妻，說道：「先生，我們的房間真的是客滿了，已經沒有空房了……」

可是，這男服務生看到老夫婦沮喪、失望的神情時，心很不忍，他心生一計，說道：「不過……我有個小的休息房間，今天晚上我值班，明天早上才會休息，所以，如果你們兩位老人家不嫌棄的話，可以在我的房間裡放鬆、休息、睡一下……我的房間雖然沒有一般客房那麼舒服，但也是滿乾淨的，你們兩位就當成是我的客人好了！」

老夫妻一聽，滿心感謝，真是感謝上帝啊！於是，他們老夫妻就住進這年輕服務生的房間裡，歇腳休息。

隔天早上，天亮了，老夫妻睡醒了、體力也恢復了。

老先生笑嘻嘻地來到櫃檯結帳時，那男服務生客氣地說：「不，不！先生，您住的房間並不是我們旅館的客房，只是我個人休息的房間，所以我們不會收您的錢，希望您與夫人一晚睡得還愉快……」

這時，老先生一臉感動地對服務生說：「年輕人，我在全世界住過許多旅館，沒有遇過有人像你的服務態度這麼好……你是每個旅館老闆夢寐以求的好員工，你不應該只待在這普通的小旅館……有一天，我會在紐約市區裡，蓋一座豪華的大型旅館，請你來經營，好嗎？……我是約翰・亞斯德。」

## 別忘了，用愛心來接待客旅

幾年後，高聳的「華爾道夫・亞斯德利亞大飯店」（Waldorf-Astoria Hotel）在紐約的曼哈頓開張了，當年小旅館的服務生，被亞斯德先生聘請，擔任這家大飯店的第一任總經理。

華爾道夫大飯店於一九三一年啟用，有四十二層樓高，一千四百多個房間，至今，已吸引過百萬人次的政商名流下榻。而這名由服務生變總經理的年輕人，名叫喬治・波特（George Boldt），也是當時經營華爾道夫大飯店的最重要靈魂人物。

## 成為別人生命中的貴人

《聖經上說》：**「你們要常存兄弟相愛的心，不可忘記用愛心來接待客旅；因為，曾有接待客旅的，不知不覺就接待了天使。」**（希伯來書十三章1～2節）

那小旅館的櫃台男服務生，以真心和愛心來接待了一般「客旅」，最後竟接待了「天使」，也改變了他自己一生的命運。

**我們若無所求地幫助需要幫助的人，而成為別人的「貴人」，有一天，那受幫助的人，也可能反而成為我們生命中的「貴人」。**

所以，只要用微笑、真誠、用心來待人，就能遇見貴人啊！

## 感動服務小啟示

● **銷售服務人員自己，也是一個「品牌」、一個「廣告」。**

世界上汽車銷售冠軍喬．吉拉德說：「我所銷售、販賣的，不是我的雪佛蘭汽車，我賣的是我自己。」

的確，銷售、販賣任何產品之前，首先販賣的是「你自己」。

假如，在銷售過程中，顧客不接受、不喜歡「你這個人」，你還有介紹產品給顧客的機會嗎？不，不，已經沒機會了！

● **如果顧客「喜歡你、肯定你、感謝你」，對於你的服務態度由衷的百分百肯定，那麼，除了生意達成之外，你最大的收穫是——「在你的生命中，多了一個喜歡你、信任你的人！」**

就像本文中的小旅館的櫃台服務生一樣，他用愛心、真心來接待不知名的客人，讓這對老夫婦心生感動、肯定他、信任他，而在有一天，禮聘他來經營華爾道夫大飯店。

● **「努力將每一名顧客，視為自己的親人，而且發自內心地善待他、關懷他。」**

顧客來消費時，期待的是受到「尊重和禮遇的服務」。顧客重視的是，當他們有需要時，你的態度、口氣好不好？能不能為他們解決問題？

● **只要懂得「服務攻心」、「以客為友」的道理，給予顧客像自己親人般的禮遇和服務，那麼，就一定會「遇見天使」。**

若是對顧客「服務逞以口舌」——逞一時口舌之快，反駁、反擊、指責顧客，或對顧客不屑、不理，則後果就是「永遠失去顧客的心」，他們將永遠不會回來，輸家肯定是員工和老闆。

請記得——「人緣就是財緣，人脈就是錢脈、人脈決定命脈。」

## 這樣做，客戶好感動

1. 用愛心來接待顧客，有一天，可能就會接待了天使。
2. 銷售服務人員在銷售產品之前，首先銷售的是「自己」——自己對人的態度與形象。
3. 努力將顧客，視為自己的親人，發自內心地善待他、關懷他。
4. 人員就是財緣、人脈就是錢脈、人脈決定命脈。

# 航空公司的**刻意延誤**

感動密碼

## 金杯銀杯，不如顧客的口碑

金獎、銀獎，
不如顧客的誇獎；
若想企業永續經營，
就要讓顧客都能提高滿意度。

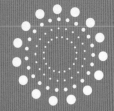

當你搭飛機時，飛機會不會等人呢？大概飛機不等人的比較多。

在美國東岸舊金山，有個在政府部門的職員德瑞克（Kerry Drake），一天早上，接獲他的兄弟來電，謂：「母親病況嚴重、很危急，請你搭機回老家……」

德瑞克聞訊，立刻趕搭最快的一班聯合航空班機，準備先經德州休士頓市，再轉機回到德州小城魯波克（Lubbock）的家中。

但是，在休士頓轉機的時間很短，只有四十分鐘；一般而言，轉機的時間，尤其是不同航空公司的飛機，需要一個半或兩個小時。但是，這是當天最後一班飛往家鄉魯波克的飛機，所以他別無選擇，只能趕快搭上飛機，也試一試運氣。

其實，當這班聯合航空飛機從舊金山起飛時，就已經因地面作業關係而延誤了，所以德瑞克坐在座位上，心情十分忐忑不安，擔心轉機時間不夠，趕不及見母親的最後一面。

聯合航空的一位空姐蘇菲亞（Sofia Lares）查覺到德瑞克心神不寧的神情，詢問之下，才得知——他心裡十分焦急，深怕趕不上轉機，來不及回到德州鄉下老家，見病危老母親一面……

那時，蘇菲亞立即安慰他：「你放心，我們會盡一切努力，幫忙你趕得及搭上下一程的飛機，也會為你多準備一些面紙擦拭眼淚……」

而另一名空姐鍾蘭（Lan Chung）也要了德瑞克下一班轉機的班機號碼，並轉告機長。

當然，機長得知消息後，即盡可能地加快飛行速度，希望幫忙多爭取一些時間。但是，當聯航飛機降落休士頓機場時，德瑞克看著手錶，心裡失望至極，因為飛往魯洛克的班機，應該已經飛走了。

## 他，不放棄，盡全力一試

不過，德瑞克還是不放棄，想試試看自己的運氣！

當他快步、急促地跑到登機門時，遠遠的，就有地勤人員站在登機口朝著他，對他大聲喊著：「您是德瑞克先生嗎？……快……快，我們大家都在等著您呢！」

這時，地勤人員連登機證都沒看，就讓他快步跑著進入登機門。

當德瑞克坐上飛機座位時，他上氣不接下氣，也已經是滿臉淚水了……

後來，德瑞克的飛機抵達魯波克機場時，他驚訝地發現，他原先托運的行李，竟也神奇地和他一起隨機抵達機場，並無延誤。

那天，德瑞克在親人的接機下，飛車趕回老家，也流淚地見了老母親的最後一面……

事後，德瑞克說，要不是轉機的飛機接到聯合航空的通知，而「刻意延誤」起飛，他真的來不及和老母親見最後一面；而他擦拭眼淚的面紙，正是飛機上的空姐，為他特別準備的面紙。

當媒體採訪德瑞克時，他說，他要特別感謝兩架飛機的機組人員，也要謝謝地勤的工作人員，包括飛機調度、以及搬運行李的同仁；因為，他們「以客為尊」，願意以最大的誠意與實際行動，同心協力地來幫助他，讓他能及時趕回老家，握住臨終老母親的手，看著她、也目送她離開人間……

事後，德瑞克也詢問了幫助他的所有相關人員的姓名，也都向他們一一致謝！

## 感動服務小啟示

- **顧客對一個公司的產品與服務，若有極高的滿意度，公司和其產品就會備受肯定，也就會有高度的正面的評價。**

所謂「CS」，是指「顧客滿意度」（Customer Satisfaction）。員工的服務態度，假若都能「以客為尊」、「用心服務」，自然會有最棒的口碑。就像本文中聯合航空的所有機長、員工一樣——體會顧客的需求、懂得「同理心」，也用最貼心、用心的態度，來為焦急萬分的乘客服務。

- **金杯、銀杯，不如顧客的口碑；金獎、銀獎，不如顧客的誇獎。**

如果一家公司，「在不知不覺中，顧客已經降低對你的評價」時，就必須小心應變，也要趕快提高公司的「CS」——「以客為尊、用心服務」，讓顧客的滿意度回流、提升。

所以，一個企業，若想要永續經營，就必須做到——

「在不知不覺中，顧客已經提高對你的評價！」

● **最好的顧客關係，就是要把顧客當做親人來對待，更不要把顧客當成受氣的對象，或是等閒之人。**

「好服務，就是好企業！」有高CS的顧客滿意度，公司、企業才會有正面的形象，來吸引顧客。

「能為客戶著想，客戶才會再次上門！」

● **凱瑟琳・迪佛利「服務，SERVICE」速記法。**

《黃金服務十五秒》的作者凱瑟琳迪佛利提到「服務，SERVICE」的速記法：

S——**自我尊重**（Self-esteem）；每個員工，都要看重自己。

E——**超越期待**（Exceed Expectation）；對顧客的服務，要超乎原先的期待。

R——**補救**（Recover）；若發現有缺失，應立即補救。

V——**願景**（Vision）：公司、企業、員工都要有願景。

I——**提升品質**（Improve）：要提昇產品與服務的品質。

C——**關懷**（Care）：對顧客，要付出真心關懷。

E——**授權**（Empowerment）：授權員工對顧客，做補償的權宜措施。

如果能做到「SERVICE」的七個服務概念，那麼，顧客自然會提高對企業的CS「顧客滿意度」了。

**這樣做，客戶好感動**

**1. 讓顧客在不知不覺中，提高對企業的評價。**

**2. 不要把顧客當成受氣的對象，也不要視顧客為等閒之輩。**

**3. 用最貼心、用心的態度來服務，提高「CS——顧客滿意度」。**

**4. 好服務，就是好企業。**

# 玉蘭花阿伯的午餐

感動密碼

## 成為別人心中的小確幸

對顧客要有「同理心」、
要能「以客為尊」，
不是只是用講的，
而是要發自內心，真心用做的！

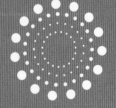

坐在台鐵或是高鐵上，都會看到車勤女服務員，推著餐車，詢問乘客是否需要飲料、點心或是便當？當女服務員推著餐車經過時，有人閉眼休息片刻、有人看報、有人聊天，也有人一直盯著電腦或手機……

鄭淑君小姐，是台鐵莒光號列車上的女服務員；一天，當她推著餐車、走過車廂內的走道時，看到一位老伯坐在靠窗的座椅上；這名大約八十歲老伯的雙手前臂，已經截肢，但他平常仍以斷臂勾著花籃，穿梭在街頭或火車上，以叫賣玉蘭花維生。

「我要一個便當……」老伯對鄭小姐說。

此時，鄭小姐就把一個六十元的便當拿給老伯。可是，老伯沒有雙手可以拿便當，他的雙手，都是斷臂，只有半截。

「妳有沒有湯匙？……」老伯對鄭小姐問道，因為，他平常都是自己用短短的斷雙臂，夾著湯匙來進食；可是，這一天，老伯卻忘了帶湯匙。

「我沒有湯匙耶，我只有筷子，真抱歉……」鄭小姐說。

「我肚子好餓……」

這時，鄭小姐看著無手臂、沒有辦法自己用筷子吃便當的老伯，心想：「怎麼辦呢？……怎麼幫助他呢？」

後來，鄭小姐又想，自己的工作已經快告結束，就放下工作，對老伯說：「阿伯，你不方便吃，我來餵你吃好了！」說完，鄭小姐就坐在老伯旁邊的座位，幫老伯打開便當，也用筷子將菜、飯，一口一口地幫老伯餵食。

## 你別急、慢慢吃，我會等你

老伯吃得有點狼吞虎嚥，因他肚子很餓，也怕耽誤到這女服務員的工作時間。「阿伯，你不要急，慢慢吃就好了，我會等你……」鄭小姐說。

老伯一聽，才放心地放慢嚼嚥的速度，也打趣地說：「我沒有牙齒啦，我都是用吞的！」

鄭小姐一聽，微笑了一下，也耐心地再為老伯餵食。儘管老伯身體殘疾、不方便，但他很節儉，把便當排骨、肉屑和菜飯都吃乾淨，也對美麗的鄭小姐開玩笑說：「我沒了老伴好幾年了，妳要不要當我老婆？……」

鄭小姐幫老伯餵食了約十五分鐘，也幫他將嘴巴擦乾淨，獲得老伯一個「滿足的微笑」和一聲「謝謝」！

## 溫馨、動容的「愛的能量」

這女服務員主動為殘疾乘客餵食的一幕，感動了鄰座的其他乘客。其中，一名服務於元培科技大學的黃亦聖老師，拿手機偷偷拍下了這幅動人的畫面，PO上臉書，與學生們分享快樂助人的正面力量……

後來，這畫面又經電台DJ轉貼後，一、二天就有十萬人按「讚」！

這一幕溫馨、又令人動容的畫面，就如同心圓一般地，不斷擴散出去，就像一股「愛的能量」，隨著火車的速度，不斷地向窗外蔓延……

而當這列莒光號火車抵達台北車站時，其他乘客也紛紛主動地幫老伯提花籃、拿行李。後來，鄭小姐接受媒體採訪時說，她嚇了一跳，因為她根本不知道幫老伯餵食的一幕，竟被乘客偷拍下來、放上臉書，而且竟有十萬人按讚。

在鐵路局服務十七年的鄭小姐，謙虛地說：「這是我該做的事啊……如果他是我家人，我一定會這樣做啊！幫助別人，本來就是很開心的事！」

的確，這位網友口中的「台鐵天使」、「台鐵女神」——人美、心也美！她這股人溺己溺、人飢己飢的精神，讓無數人心生感動，也使得這充滿功利主義的社會，洋溢著無限的溫情！

## 感動服務小啟示

● **一個人，只要自己的「心美」，看什麼都美。**

只要服務員工的「心美」，則別人看他們，也會什麼都美，也會喜歡上這些服務人員，並給予正面的肯定與讚美。

大家都知道一句話「以客為尊」；然而，服務的員工，不能把這句話當成平常的口號而已，需要身體力行才行啊！

● **我們都能夠成為別人的「小確幸」**（微小，但確切的幸福）。

一個善意的微笑、一個溫暖的幫忙、一句肯定的鼓勵與讚美，都可以讓別人開心、歡喜一整天。

就像在台鐵服務的鄭小姐一樣，一個溫馨的動作、幫無臂的老伯餵吃便當，真是令旁邊的乘客感到無比動容；這也是無臂老伯心中的「歡喜小確幸」啊！

也因此，能讓人與人感到溫暖的，除了陽光之外，就是人的「溫馨關懷與行動」。

● 用體貼他人的心，給予歡喜、給予方便；積小善，而成為他人的小確幸，這豈不就是感動服務的真諦？

只要讓顧客「滿意」，就能產生「感動」。同時，「嘴巴要甜、身段要軟、嘴角要揚」——多稱讚、多肯定、多傾聽、多伸出熱情的雙手，來服務顧客，那麼，就是一顆「最美麗的真心」啊！

## 這樣做，客戶好感動

1. 真誠展現「愛的能量」，就能感動顧客。
2. 讓自己成為別人心中的「小確幸」。
3. 用心讓顧客「滿意」，就能產生「感動」！
4. 嘴巴要甜、身段要軟、嘴角要揚，就是最美麗的真心。

# 沒有機位，又**獲邀登機**

感動密碼

## 比「以客為尊」再多做一點

服務，為生意之本。
擁有顧客的肯定、
口碑、讚譽與支持，
才是企業致勝、成功之道。

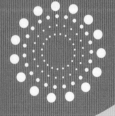

在美國有一名婦人，在臉書上寫了一段她的親身經驗——

有一天，她要搭達美航空去接回參加「糖尿病兒童夏令營」的女兒，但是當天的班機客滿，她登記候補的順位，已經排到了第八位。天呀，候補第八位怎麼可能登機？希望真是太渺茫了。

她把這份心中的焦慮，告訴了櫃台人員；但，候補乘客中，前面還有七名乘客，也都心急地想搭上飛機啊！

當登機時間開始，乘客全都登上飛機後，這名婦人絕望了，因為她沒有候補搭上這班飛機。

可是，正當她失望要離去時，一名地勤人員走了過來，悄悄地告訴她，請她靜靜地登上飛機！

「為什麼呢？……不是沒有機位了嗎？」這名婦女驚訝地說。

「沒關係，您請先上飛機再說！」地勤人員說。

於是這婦人又驚又喜、又忐忑不安的走上了飛機。後來，她才得知，讓出座位給她的，竟然是達美航空公司的總裁安德森。

達美航空安德森總裁與這名婦人素昧平生，但當他得知這婦人上不了飛機、心中為接不到患糖尿病女兒，而焦慮不安時，他決定讓出他原已經坐定的商務艙座位，給這位焦急不已的婦人；而他自己，則是走到駕駛艙裡，坐在簡便的折疊椅上。

這，真是服務業中，**「比『以客為尊』更多做一點」**的典範啊！

### 感動服務小啟示

- **人是液體，不能是硬梆梆、頑固不變的；要有彈性、也要懂得因顧客的需求，而做適度的改變。**

人，是一個形體，也是個體。但是，也有人說，「人，是液體。」因為，不管走到哪裡，就必須隨著容器的形狀而改變，來適應新的環境。因為，顧客付錢消費，心中想要的是——「最滿意、最感動、最超值的服務。」

- **「才能，或許人人都有；但柔軟，卻不是。」**

達美航空的安德森總裁，地位高高在上，但他卻能謙卑、柔軟自己，以客為尊，用「以客為尊」的行動來感動乘客，贏得媒體的讚譽，也為自己的航空企業形象，大大加分。

- **「服務，為生意之本。」擁有顧客的肯定、口碑、讚譽與支持，才是企業致勝、成功之道啊！**

企業最佳服務的三原則是：

- 找出顧客真正的需求和想要的。
- 給予顧客最想要的。
- 為顧客再多做一點點。

只要做到這三原則，顧客一定會忍不住豎起大拇指說：「Wow，太棒了！哇，你真是我的貴人……這是你送給我最好的禮物！」

所以，絕佳的服務就是最棒的行銷，也會讓顧客一再惠顧。

## 這樣做，客戶好感動

1. 找出顧客真正的需求和想要的，滿足他，也再多做一點點。
2. 顧客付錢消費，心中想要的是「最滿意、最超值的服務」。
3. 絕佳的服務，就是最有效的行銷。
4. 才能，或許人人都有；但勇氣與柔軟，卻不是。

# 公車司機的
# **緊急煞車**

感動密碼

## 打開心窗、心存善念對待他人

您知道嗎——
「熱情與仁慈」，
是一種耳聾可以聽見、
盲人可以看見的語言。

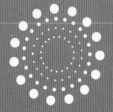

如果有一天，你搭公車時，司機突然緊急剎車，你會有何反應？有人可能會直覺——可能撞到，或快撞到前面的車或人了！有人也可能會抱怨、大罵：「神經病，幹嘛突然緊急剎車，害我差點撞到頭……」

台中豐原客運有一名陳居隆司機，駕駛公車已經有十二年了，他是一名優良司機，絕不亂開快車，也不會突然隨便緊急剎車。可是，有一天，當他載著乘客在馬路上前進時，突然來了一個緊急剎車，害得乘客都嚇了一跳！

為什麼呢？不是快撞到前面的車子，而是，這陳姓司機忽然發現，有一男子的手上，拿著一個牌子……

其實，當陳居隆司機的車子經過此站牌時，並沒有看見有人舉手攔車，他以為這站沒人要上車，所以他準備要開走了；可是，他突然發現——有一男子的手上，拿著「12」數字的牌子。

## 用愛心，來善待乘客

此時，陳姓司機趕緊踩了剎車；他下了車，走到手拿「12」數字牌子的男子身旁，詢問他，是否要搭「12」號公車？

這男子，點點頭，說：「是！」

他是個「盲胞」，他看不見，手還拿著導盲杖；但他看不見前方公車的號碼，只能手拿著「12」數字的牌子，希望司機能看到，主動停下車來……

此時，陳姓司機立即細心地攙扶著他，協助他慢慢地踏上公車，也帶著他，坐在方便下車的前方位子。車上的所有乘客看到這一幕，都心生感動，也沒有人為剛才司機突然魯莽的緊急剎車，而抱怨！

陳姓司機說，他開公車十二年，第一次遇見在後車站、舉數字牌子的乘客；但他的直覺反應，就是要立刻下車幫忙他……

事後，陳司機謙虛地表示，他只是做他本份的事——「服務乘客，不管他是明眼人或盲眼人」。然而，這充滿善心、愛心的舉動，不僅暖了盲胞的心，也讓人感受到——只要有心、用心，我們都可以用實際行動來幫助別人。

## 對待顧客的「黃金法則」

其實，**「語言是有溫度，也是有力量的。」**

有些司機，態度也是十分彬彬有禮；乘客上車時，除了問候，說聲「你好」之後，還會細心地提醒旅客安全。

例如，公車快到站時，告訴旅客「ＸＸ站快到了，有沒有人要下車？」而若有乘客下車，還會溫馨地提醒——「請小心後面來車哦！」

**《聖經》上說：「你們願意別人怎麼對待你們，你們也要怎麼對待別人。」美國作家馬克吐溫也說：「仁慈，是一種耳聾可以聽到、盲人可以看見的語言。」**

**這些話，都可說是對待顧客的「黃金法則」啊！**

## 感動服務小啟示

● **「同理心」三個字，說很容易，但要做到，不容易。**

公車，也是服務業，司機先生就是代表汽車公司的服務員，也是公司的「形象大使」。然而，這些「形象大使」展現出來的態度，有時是備受肯定、讚揚的；但有些司機的態度，有時則是遭受批評的。

曾有一公車司機，在交通顛峰時間，心裡很煩燥，除了一邊開車、一邊口中碎碎唸之外，看到動作緩慢的旅客，也馬上露出不耐煩的態度、臭著臉催促：「你不會快一點啊？……」

而當有年紀老邁的老婆婆準備下車時，她小心以防跌倒，一階一階辛苦慢慢跨下台階時，這脾氣暴躁的司機就大聲罵說：「妳是螃蟹走路啊！怎麼慢吞吞的？……」

我們都必須學習到「同理心」的概念，並且「角色互換」一下——如果，我是行動不便的老婆婆的話，我想要被恥笑、奚落、責難嗎？不，我們不會想要的！

## ●感動服務的觀念就是——「打開心窗、接納別人；心存善念、待人如己。」

在職場上，要多用鼓勵、稱讚、關心、肯定的語言，少用「情緒性的負詞」，來對顧客說話。要歡喜、快樂地過每一天；也要把欣喜、陽光的情緒，傳染給每一位接觸過的客人。

● **別忘了自己曾低低在下，永遠要「先問客戶想要什麼」？然後盡心盡力來服務。**

有一名李姓投顧公司的總經理，他是從小行員做到總經理；他說，他永遠不忘記他曾經只是「低低在下」的小行員，所以，顧客對他的態度口碑甚佳，在三十七歲就被擢升為投顧公司總經理。

**這樣做，客戶好感動**

1. 說話，是有溫度的，也是大有力量的。
2. 多用讚美、關心的語言，少用「情緒性的負詞」來對顧客說話。
3. 你們要別人怎麼對待你，你也要怎麼對待別人。
4. 打開心窗、接納別人；心存善念，待人如己。

# 列車長的**熱便當**

感動密碼

## 用真心，給予最溫暖的感受

對待老顧客，
要像對待新顧客一樣的熱情，
對待新顧客，
要像對待老顧客一樣的周到。

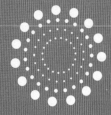

有一位六十多歲的老阿嬤帶著兩個小孫子，搭乘台鐵列車北上。當列車經過台中路段時，兩個小孫子因為肚子餓，一直大聲哭鬧；此時，已經過了中午吃飯用餐時間，列車上的便當已都賣完，也因此，老阿嬤頭痛不已！

後來，列車長王文耀經過，老阿嬤趕快抓住機會對車長說：「你車上還有沒有便當可以買啊？……」

「沒有耶，現在車上沒有便當……」王列車長說。

「可是，兩個小孫子肚子很餓怎麼辦？」老阿嬤滿臉苦惱地說。

「好，我來想辦法……我馬上處理。」王列車長講完，看看手錶，火車大概剩下四分多鐘就會抵達苗栗站；他立刻拿起無線電，聯絡下一站苗栗站的站務人員。

「喂……我是王列車長，我的火車再過四、五分鐘，就要到達苗栗站，請你們趕快去買兩個熱便當……麻煩你們……一定要馬上去買兩個熱便當上來……我的車上有兩個小孩，肚子很餓……」

苗栗站的站務人員，一接到王列車長的電話通知，立刻火速地衝跑到火車站附近的超商，買了兩個熱便當；也顧不得結帳必須先排隊，付了便當錢，就用跑百米的速度，飛快地往月台上衝……

苗栗站的站務人員跑得上氣不接下氣，終於在火車於苗栗站停靠時，順利地將兩個熱騰騰的便當，送交給王列車長，也送到兩個小乘客的手裡。

## 解決顧客的問題，就是我份內的事

從王文耀列車長用無線電話通知，到苗栗站的站務員又衝、又跑、又急速趕買便當，最後送達月台旁車廂內的小乘客手中，這全部過程，只有「四分鐘」。而這令人感動的熱心善行，被在旁的其他乘客看見，十分動容，也拍下照片，PO上網路，嘉許此一感動人心的善行。

王列車長在接受媒體採訪時說，自己的行為，只是自己該做的事，也是個舉手之勞而已。

他說：「那時候，我看到兩個小孫子肚子餓得大哭，我很不捨，因為小孩在發育時期不能餓肚子，就趕快請下一站的苗栗站同事，務必要幫我一個忙，一定要弄到兩個熱便當來……」

其實，服務於台鐵三十年的王列車長，生性靦腆，但他對待乘客一向是親切有禮，就像對待自己的家人一樣……

有一次，火車剛好全都客滿，當時王列車長在驗票，看到一名孕婦大著肚子，沒有座位可坐，也沒有人願意讓座；王列車長看到此一情景，就請這名孕婦，慢慢的走到列車長室，讓她坐著休息。

這孕婦因為王列車長熱心相助的行為，十分感動，也投書到台鐵局，表示心中的感謝！

**「你好！」**

**「謝謝！」**

**「好的，我馬上處理！」**

**這些是五十三歲王列車長，在火車上工作的口頭常用語。**

他說，「服務所有旅客」與「解決乘客問題」，本來就是他份內的事，也是最重要的事。

由於王列車長長期熱心地協助乘客，他的許多善行，也被台鐵公司提報為年度最佳優良員工。

## 感動服務小啟示

- **服務顧客，首要就是要從「心」出發——對待老顧客，要像對待新顧客一樣的熱情；對待新顧客，要像對待老顧客一樣的周到。**

只要有心、用心、真心為顧客服務，也給顧客有「高含金量」（大陸用語）的超值感受，那麼，顧客就會有所感動。

所以，感動服務就是——「以每天的真心與努力，創造顧客一生的美好回憶。」

服務人員，只要想通了這一點，「成功之路與榮耀，就在前方等著你。」

- **在企業經管中，滿足顧客的「軟服務」，是獲利的「硬道理」。**

美國星期五餐廳（Friday's），是非常成功的跨國連鎖餐廳，他們的員工都很清楚公司的座右銘：「承諾做好，送上最棒！」（Promise Good and Deliver Great!）

他們承諾、保證，讓顧客在愉快、歡樂的環境中，享受高品質的餐點，並努力提供各種不同於固定菜色的最棒餐點組合。

本文中的王列車長，其實就是做到這樣的精神——承諾乘客，在列車上沒有餐盒時，提供餐盒；也在火車飛快行駛中，想盡辦法，請下一站的同仁，火速地「送上最棒」的意外驚喜與服務。

這，豈不就是——「用真心與努力，創造出顧客的感動與美好回憶」？

所以，「盡力滿足顧客，並給予最溫暖的感受」，絕不讓顧客失望，就是最佳的感動服務！

## 這樣做，客戶好感動

1. 以每天的真心與努力，創造顧客一生的美好回憶。
2. 用全心全力付出、做到最好，絕不讓顧客失望。
3. 先「承諾做到」，再「滿足顧客心理需求」，然後「超越顧客的期待值」，就能在市場上勝出。
4. 感動服務就是——盡力滿足顧客，並給予最溫暖的感受。

# 輯三

# 熱情

# 陽光態度，跑贏顧客期待

# 尚未支付的
# **計程車資**

感動密碼

## 絕佳的服務，是發自內心的愛

用歡喜心幫助他人，
面對現實，不抱怨，
也不斤斤計較，
就能「樂在工作」！

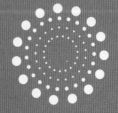

有一個下雨天，我在辦公室沖了澡，也換了一套西裝，前往台北市區的一家公司演講。因為那家公司沒多餘的停車位，所以我就帶著電腦設備，攔了一輛計程車上路了。

計程車司機看了我的打扮，問我做哪一行的？

我簡單地回答：「教教書，也接一些演講……」

不到十分鐘，我的目的地快到了，我順手摸摸西裝褲的小口袋……天哪，完了，這下完了！我真的完蛋了……

我愣了一下，心想，還是要勇敢地告訴司機吧！於是，我鼓起勇氣，對司機說：「老哥，對不起，我要很誠實地告訴你，我忘了帶錢出來……出門前，我洗了個澡，換了一套西裝，我的錢，真的忘了拿出來……」

哎呀，真是丟臉、尷尬！我很誠懇地對司機說：「我絕對不是故意騙你的……你可不可以給我你的手機號碼，我現在趕著去演講，等演講完後，我一定會和你聯絡，再把錢還給你，好不好？」

司機轉過頭來，看我一眼，也看到我臉上的焦慮和糗態，立刻說道：「我相信你，你是真的忘了帶錢……沒關係，才一百二十元而已，你不用記我的手機，也不用還我錢，你趕快去演講吧！每個人都會有忘記的時候……」

## ■ 能為別人服務，是快樂，也是福份

媽呀，聽了這司機的話，我心裡真是亂感動的。他堅決不告訴我手機號碼，只告訴我：「外面下著雨，你走路要小心點，一百二十是小錢，不用放在心上……」

我下了車，只見他開著車，消失在台北市的街道上。

演講的時候，我告訴大家，剛才，外面下著雨，但我卻遇見了陽光——一個令人感動與溫暖的「陽光態度」。

**「幫助別人、有意義的快樂，一定會帶來心靈的滿足。」**

**「凡事正面思考、能為別人服務，是快樂、是福份，也是讓自己生命更有意義的『陽光態度』啊！」**

我們每個人，不管在什麼工作崗位，我們都是一個「品牌」，我們都可以「看好自己」，用喜悅的陽光態度，來幫助、服務別人，也做一個令人愉悅的「形

象大使」。

所以，星雲法師曾說，人際互動要記得「四個給」——

「給人信心、給人希望、給人歡喜、給人方便」；

而我，也再加上「四個給」——

「給人肯定、給人讚美、給人溫暖、給人鼓勵。」

其實，「**說話，是有溫度的。**」

只要給別人一句溫暖的話，別人就會歡喜、感恩在心；但，若說出的話，是冰冷的、冷漠的，則會使雙方的關係變得更疏離、更冷淡。

所以，在服務顧客時，多用有溫度、溫暖的語言來說話，也多用愉悅、熱情的心來溝通，就一定可以贏得顧客的歡喜與信任。

因為，「**感動，是成交的開始！**」

**只要態度對了，服務就會令人滿意！**

## 感動服務小啟示

●**「有能力助人，就是有福人。」**

在職場中，工作都是忙碌、辛苦的。而在辛苦、勞苦工作中，有人常不斷抱怨，也臭著臉，或咒罵社會不公……然而，也有些人在辛苦忙碌中，卻充滿笑容、善待他人，讓生活過得更快樂、更有意義。

的確，能用歡喜心幫助他人、不斤斤計較，就能「樂在工作」；就像本文中的計程車司機，我相信，他一定是一名快樂的司機。

●**在職場中，能「面對現實、不抱怨」，就能喜樂常在。**

「絕佳的服務，是發自內心。」

「不計較、常歡笑！」

做個隨時給人方便、給人歡喜、給人溫暖的人，我們就是個大有福氣的人啊！

●「好能力＋好態度」，才能為自我職涯加高分。

天才文化創辦人高希均博士說：「不要一直抱怨失業率高，而是要求自己是否夠資格領高薪？要隨時檢視自己的工作態度，不是比學校大小，而是比自己精彩不精彩？」

其實，在職場的服務態度上，我們要用心地「找出顧客的需求」，也要儘可能的「滿足顧客的需求」，甚至是「超乎對方的預期」；這，就是感動的服務啊！所以——

- 正確的做：把本份的事做對、做好，精確無誤。
- 禮貌的做：多說「請」、「謝謝」、「抱歉」、「對不起」！
- 熱情的做：熱愛工作，發自內心地散發出熱情。
- 歡喜的做：臉上洋溢開心的歡喜，服務並幫助他人。

若能做到這些美善的動作，服務人員就一定會備受肯定，也會——「讓衰運，變好運」啊！

## 這樣做，客戶好感動

1. 主動為別人服務，是快樂，也是福份。
2. 感動，是成交的開始。
3. 絕佳的服務，是發自內心——「不計較、常歡笑！」
4. 態度對了，服務就能令人滿意。

# 遊輪客房，床上**有隻鱷魚**

感動密碼

## 永遠要跑贏客人內心的期待

客戶滿意，覺得賞心悅目、創意十足、開心快樂，就是服務人員，心理上最大的成就。

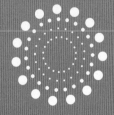

寒假期間，我帶兒子、女兒全家到美國去旅行。在洛杉磯機場一家連鎖租車公司租車時，由於排隊租車的人很多，電腦又出了一些問題，導致租車時間拖延了一個多小時。

最後，櫃台小姐辦完租車手續後，笑嘻嘻地對我說：「謝謝你們耐心的等待，也很抱歉耽誤到你們很多寶貴的時間；這是一張一百元美金的抵用券，送給你們做為補償，以後你們再來我們公司租車時，不管是在哪一個城市，都可以拿來抵用……」

聽櫃台小姐這麼一講，原本不開心的心情，自然就愉悅了起來；畢竟一百元美金，值三千元台幣啊！

**一個顧客需要的，不一定是要便宜，而是一個「滿意的服務態度」**。

當然，電腦可能「當機」；排隊的人潮，可能很多；但是，只要服務人員的態度和善，用微笑的表情來面對顧客，並適時給予「超值的交換」，就可以化解溝通上的不愉快。

**所謂的「超值交換」，就是給予顧客心理上有得到「超值感」**。

就如同上述的櫃台小姐，給我一張一百美金的租車抵用券，讓我覺得「超

廣　告　回　信
台北郵局登記證
台北廣字第2218號

時報出版
CHINA TIMES PUBLISHING COMPANY
尊重智慧與創意的文化事業

地址：台北市108019和平西路三段240號5F
電話：(0800) 231-705（讀者免費服務專線）
(02) 2304-7103（讀者服務中心）
郵撥：19344724 時報文化出版公司
網址：www.readingtimes.com.tw

請寄回這張服務卡（免貼郵票），您可以——
●隨時收到最新消息。
●參加專為您設計的各項回饋優惠活動。

*讓**戴晨志**老師喜怒哀樂的作品，陪伴您一起歡笑、成長。*

寄回本卡，您將可獲得戴老師的最新出版訊息。

◎編號：**CLU0042**　　書名：**黃金15秒的感動溝通**

姓名：

生日：　　年　　月　　日　　性別：□男　□女

學歷：□1.小學　□2.國中　□3.高中　□4.大專　□5.研究所（含以上）

職業：□1.學生　□2.公務（含軍警）　□3.家管　□4.服務　□5.金融

□6.製造　□7.資訊　□8.大眾傳播　□9.自由業　□10.退休

□11.其他 ______________

地址：□□□ ______________________________

______________________________

E-Mail：______________________________

電話：(0)______________(H)______________(手機)______________

您是在何處購得本書：

□1.書店　□2.郵購　□3.網路　□4.書展　□5.贈閱　□6.其他

您是從何處得知本書的訊息：

□1.書店　□2.報紙廣告　□3.報紙專欄　□4.網路資訊　□5.雜誌廣告

□6.電視節目　□7.資訊　□8.DM廣告傳單　□9.親友介紹

□10.書評　□11.其他

請寫下閱讀本書的心得、建議或想對戴老師說的話：

______________________________

______________________________

______________________________

______________________________

______________________________

______________________________

值」，也吸引我下次再度光臨。

## 幽默、開心，充滿陽光態度

後來，我們開車經過亞利桑那州，到了新墨西哥州，那裡有個極為出名的自然奇觀——「國家白沙公園」。要進入此白沙公園時，必先經過收費站；收費站裡穿制服、頭髮斑白的老先生，一見到我搖下車窗時，就笑臉迎人地說：「Hello，你好……嗯……告訴你一個好消息……」

我一聽，一頭霧水，因我只是個臨時路過的遊客，怎會有什麼好消息呢？

老收費員很開心地笑著說：「現在，我這個收銀機突然當機、壞掉了，不能使用，所以，你們今天進去公園玩不用錢，全部免費……」

哈，有這麼好的事！一張入園費三美金，我們四個人，省了十二美金入園費！

其實，更讓我心喜的是，這位老收費員的幽默、開心、陽光態度，還問我：「你們是講中文的嗎？……我可以給你們中文說明書……」

說著說著，滿臉笑容的老收費員，即彎下腰，在桌子底下，拿出兩份白沙公園的中文說明書給我。

## 愛，是人生一切難題的解答

有句話說：**「愛，就是在別人的需要上，看見自己的責任。」**

在職場上，我想，只要「在別人的需要上，看見自己的責任」，並快樂、歡喜地與顧客結緣，就一定會有好人緣。

其實，一個人的「表情」和「說話」，是有溫度的——有溫暖、也有冰冷。

在工作中，不常笑、臭著臉，怎會有好人緣？

「笑臉常開，才能好運常來啊！」

也因此，想擁有職場好人緣，就必須——**「多灑香水、少吐苦水、少潑冷水！」**

用微笑、幽默、開心、真心的態度，來對待別人，就能贏得許多友誼！

因為，**「口齒留芳，就是最美善的溝通啊！」**

• 這是美國新墨西哥州，極出名的自然奇觀——國家白沙公園。

● **在職場工作中，除了微笑，還必須有令顧客感到驚喜的創意。**

我在埃及旅行時，坐遊輪在尼羅河上緩緩前進；晚上睡在遊輪上，白天則下船去四處遊覽。

可是，當遊完千年古蹟、回到遊輪上的房間時，我看到一隻鱷魚趴在我的床上。我仔細一看，原來是服務人員前來整理房間時，將浴巾、床單，做出一隻鱷魚的模樣來；而且，還戴上我美國奧瑞岡大學帶回來的帽子、墨鏡，嘴巴還叼著電視遙控器……哇，真的很有創意，不是嗎？

● **創意就是點子，點子就是金子。**

另外，也有些飯店，桌上放著狀似蛋糕的特製毛巾，提供顧客做為小禮物。

這些「毛巾蛋糕」十分精緻，看起來非常可口，令人垂涎三尺，

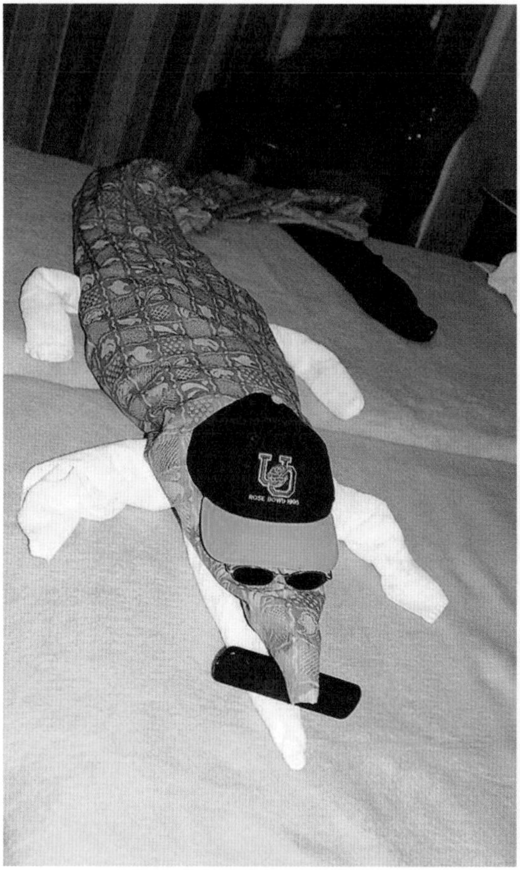

• 埃及尼羅河遊輪上，房間床上的可愛鱷魚。

• 精緻可口、令人垂涎三尺的「毛巾蛋糕」。

好可愛、好好吃……

而且，也有些飯店、酒店，會把提供客人用的乾淨毛巾，做成天鵝、螃蟹、或是沙皮狗的造型，令人覺得——這些服務員工真是用心、周到、有創意啊！

## ●永遠要跑贏客人內心的期待。

「用力，自己知道；用心，別人知道。細節，成就完美；認真，榮耀一生。」

其實，客戶滿意、覺得賞心悅目、創意十足、開心快樂，就是服務人員心理上的最高成就。

而服務人員，能在細微之處，做出有創意、令顧客驚喜的額外創作，也就是用心、用力、令人感動之處。

這也就是知名飯店經營人嚴長壽先生所說的——「永遠要跑贏客人內心的期待！」

## 這樣做，客戶好感動

1. 愛，是人生一切難題的解答。
2. 要給顧客心理上有得到「超值感」。
3. 口齒留芳，就是最美善的溝通。
4. 創意就是點子，點子就是金子。

# 飯店裡的**盥洗用品**

感動密碼

## 人人都是公司的代言人

用微笑，主動詢問顧客需求，
也用最快的速度，
去滿足顧客的需求，
就能贏得口碑與讚賞。

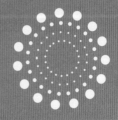

有一位朋友到大陸北京出差，投宿在一家大飯店裡；這家飯店雖不是五星最高級的，但感覺還不錯，住得滿舒服的。

隔日清晨，他要離去時，就把未用完的洗髮精、洗面乳、潤絲精、浴帽……等物品，一起都放入行李箱帶走。

當他在櫃檯辦理退房時，櫃檯小姐告訴我這朋友：「趙先生，剛才我們的清潔人員已經看過您住的房間，發現浴室內裡的所有物品，您是不是都已經帶走了？……」

「啊？……洗髮精、洗面乳不能拿嗎？」我的朋友有些驚訝。

「噢，不，您可以拿走那些東西，沒關係的……我是想，您既然那麼喜歡那些東西，我們就特別為您再準備一套那些盥洗用品，給你帶走，做為紀念，歡迎您下次再來光臨我們的飯店！」櫃台小姐笑嘻嘻地說。

我這朋友聽了，十分傻眼。他說，他走遍許多國家旅遊、出差，第一次碰見如此客氣、和善、周到的飯店櫃台小姐；他也表示，以後若再到北京出差，還要去住那家飯店。

也有一次，我在大陸四川成都住了一家飯店，驚訝地發現，他們在房間的書桌上，竟然提供了一精緻多層的文具盒，裡面有筆、紙、訂書機、迴紋針、尺，另外房裡還備有體重計、水果盤、問候信……如此周到的服務，我也是第一次看見。

## 主動詢問顧客的需求

寒假期間，我帶兒子、女兒全家到美國旅行。

一天，遊完美西大峽谷令人嚇破膽的空中步道後，住進一家假日酒店。這是一家知名的連鎖飯店，但算是平價，並不是高檔昂貴的飯店。

隔天早上孩子玩累了，爬不起來，所以只有我和內人一起去餐廳吃早餐。用完餐，內人先到車上拿東西；而我心想，兒子、女兒還沒吃，就用紙盤子裝了一些麵包、牛奶、炒蛋、肉片、香蕉、飲料等食物，回房間給孩子吃。

說實在的，我有點不好意思，深怕被工作人員看到我拿一堆食物離開餐廳，會對我擺臉色。

此時，一名年輕的男工作人員走過，看我兩手各端著紙盤子，就笑著對我說：「你需要塑膠袋裝嗎？……我給你塑膠袋，比較好拿……」

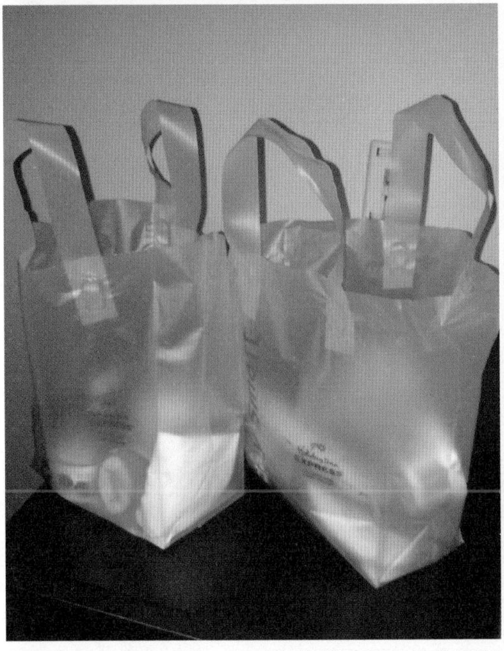

• 假日酒店男服務生，主動提供裝早餐食物的塑膠袋。

• 美西大峽谷壯闊的景色。

我一聽，好感動哦！這工作人員竟然沒有對我擺臉色，還主動問我需不需要塑膠袋？他隨即到工作間內，拿了兩個很不錯的塑膠袋給我裝食物。

我有點羞怯地對他說：「兩個孩子還在房間睡覺，帶回去給他們吃……」

「沒關係，你可以再多拿一些，讓孩子多吃一點……」這男工作人員很熱心地說。

## 任何工作，都可以是一場好戲

劇場大師李國修先生，生前弟子成群，對台灣的戲劇與演藝圈，都具有深遠的影響。

他曾經告訴學生一句話：「任何工作，都可以是一場好戲。」

的確，不管是什麼工作，只要用心、認真、熱情、積極，能感動顧客，就可以在自己的工作崗位上，演出一齣最棒的好戲。

只要有心為消費者服務、把顧客當成親人或好朋友來看待，也主動、真誠的滿足消費者的需求，就一定會贏得顧客的肯定與讚賞，也會贏得顧客最棒的口碑。

## 感動服務小啟示

● **在任何銷售或消費的行為中，產品與顧客之間的重要橋樑，就是「銷售服務人員本身」。**

就正如先前文章中所提到——銷售任何產品之前，首先販賣的，就是「你自己」。

假如，銷售服務人員說，「我的公司是一流的、我的產品是一流的、我的售後服務是一流的」；可是，顧客一看到這服務人員，講話與態度像是三流的，或是聽你講的話像是外行的、沒專業知識、也沒笑容、沒真心誠意，顧客會想跟你再談下去嗎？……不會！你的業績會好嗎？……不會！

● **在銷售服務時，銷售人員要讓自己看起來，就是一個「最好的產品」、「最專業、最親切、最主動、最可靠的人員」，這樣，才能吸引顧客願意消費。**

「服務，不能斤斤計較是否賺錢？因為好的服務，就是『要五毛，給一塊』啊！」

對銷售服務人員來說，我們可以學習到——

1. 要用最快的速度，做對的事：例如，本文中飯店的櫃台小姐，主動提供一套盥洗用品給顧客，期待他再度光臨。

2. 微笑、主動詢問顧客的需求：例如，本文中美國飯店的男服務生，主動詢問筆者是否需要塑膠袋，方便拿提早餐食物？

3. 人人都是「公司形象代言人」：有些公司是有發言人，也有形象代言人；可是，對顧客來說，每一位員工、服務人員，都是公司企業的形象代言人。他們的工作表現熱情與否，都影響到企業在顧客心中的評價。

4. 讓自己看起來，就是「最好的產品」：用自己積極正向的表現，讓自己的企業、員工素質與產品品質，都能大大的加分。

5. 專業，就是一種叫「用心與誠意」的東西：只要用心、誠意的服務，加上對產品的自我專業，也樂於為顧客付出，顧客就一定會看得見！

## 這樣做，客戶好感動

1. 任何工作，都可以是一場好戲。
2. 人人都是公司形象的代言人。
3. 專業，就是一種叫「用心與誠意」的東西。
4. 服務，永遠要擺在是否有賺錢的前面。

# 酒店的**慢跑地圖**

感動密碼

## 用創意，提供最實用的服務

了解客戶的需要，
是客戶服務的第一要務。
客戶的口碑，
效果遠勝於廣告啊！

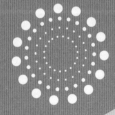

到馬來西亞吉隆坡演講，已經有二、三十次了。有一次，在住進一家酒店時，突然發現書桌上放置著一個小地圖。這小地圖裝在一個透明塑膠套裡，塑膠套上還有精緻的綠色尼龍繩帶。

我仔細一看，這地圖上寫著「Jogging Map」，也就是「慢跑地圖」；在地圖上清楚用英文註明──「從酒店跑到公園、繞行一圈，大概是二．一公里，步行時間是大約二十三分鐘。」

同時，從酒店跑到公園，該走哪條路？去程、回程的方向，也都用紅色箭頭畫得清清楚楚。哇，這真是貼心啊！

其實，我住過許多國家的旅館和酒店，第一次碰到酒店的服務，如此細微、用心；而且，這小地圖用透明塑膠套套著，不會皺掉、溼掉，帶出去慢跑時，也可以吊掛在脖子上，對外地的觀光客來說，很方便、很實用，也就不會迷路了！

而這酒店，除了提供「慢跑地圖」之外，桌上也細心地放置了一張告知表，上面寫著：

一、酒店附近，有哪些地方有銀行提款機？

二、酒店附近，有哪些購物中心（shopping mall）？

三、酒店附近，有哪些夜間娛樂場所？

這樣用心、貼心地提供告知服務，真的讓外來的旅客，對附近的地理環境與設施，有更清楚的認識與了解。

所以，下榻住宿的夜晚，我的脖子就吊著小地圖，到附近購物中心走走；隔天清晨，也帶著慢跑地圖，到KLCC吉隆坡中央公園，輕鬆地去慢跑。

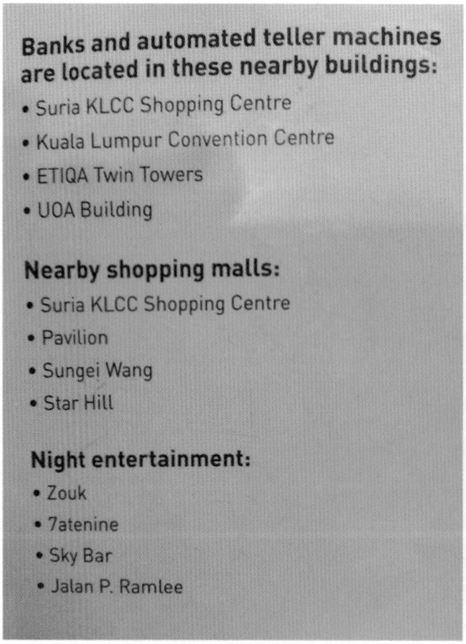

Banks and automated teller machines are located in these nearby buildings:
• Suria KLCC Shopping Centre
• Kuala Lumpur Convention Centre
• ETIQA Twin Towers
• UOA Building
Nearby shopping malls:
• Suria KLCC Shopping Centre
• Pavilion
• Sungei Wang
• Star Hill
Night entertainment:
• Zouk
• 7atenine
• Sky Bar
• Jalan P. Ramlee

• 酒店附近相關設施的資訊告示表。

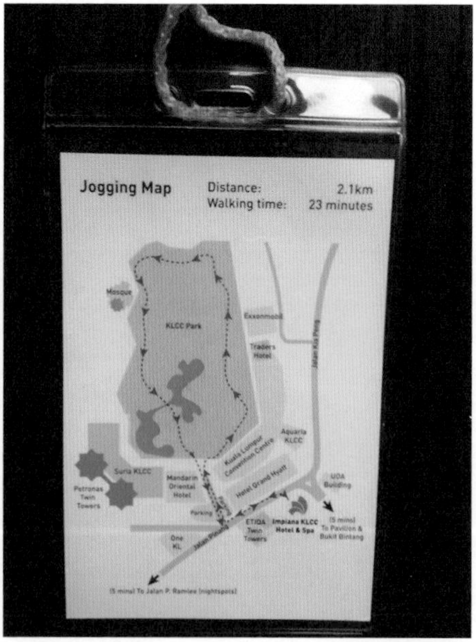

Jogging Map
Distance: 2.1km
Walking time: 23 minutes
KLCC Park
Mosque
Exxonmobil
Traders Hotel
Suria KLCC
Petronas Twin Towers
Mandarin Oriental Hotel
Hotel Grand Hyatt
UOA Building

• 可以吊掛脖子、防水、防皺的慢跑地圖。

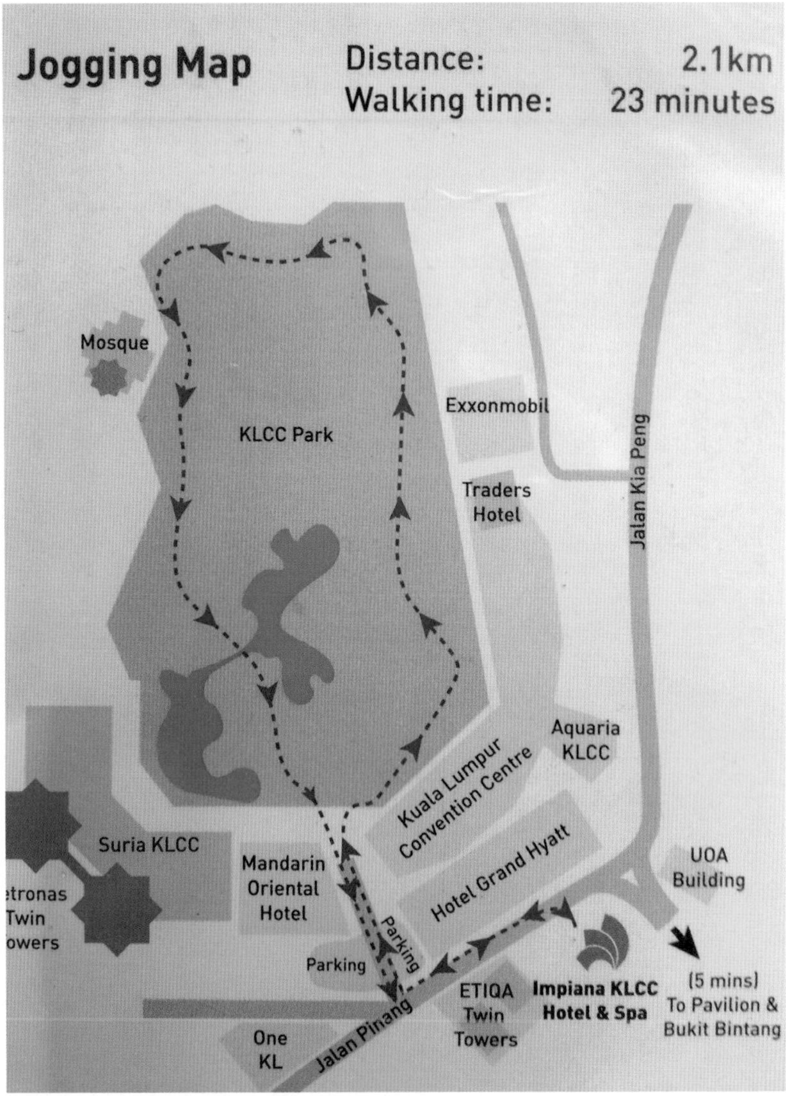


• 酒店中，提供路徑標示清楚的「慢跑地圖」。

**牌子老，不一定就信用好、口碑好。**

**用心服務，提供顧客實用的資訊，會讓顧客感動在心。**

因為，**了解客戶的需要，是客戶服務的第一要務。**

而客戶的滿意與口碑，會口耳相傳，其效果遠勝過廣告啊！

## 提供登山遊客最棒、最實用的服務

最近，我常和唸高一的兒子，一起去爬山。

我兒子有個「怪想法」——他要求我，不能帶他去爬同一座山或步道；也就是說，已經爬過的山或步道，就不能再去爬；他一定要走「還沒走過的地方」。

你說，這不是刁難我、為難我嗎？我也不是專業的爬山、步道高手，哪會知道那麼多的山可以爬？哪裡有適合走的步道？

可是，只要「有心、有願，就有力」。我請助理上網查詢，台北市、新北市附近，有哪些登山步道？所以，我就一一的帶我兒子、女兒去走。

不過，說真的，網路上的地圖與實際的登山步道，會有落差；不是標示不清楚，就是太簡化，所以，我們有好幾次都搞錯了，甚至是迷路了。

● 「林口森林步道」每一百公尺，即提供旅客最清楚的小地圖與步道資訊。

可是，最近我們開車到新北市的林口，走了一趟「林口森林步道」。

哇，走這條步道，真是美極了！除了有整齊的石階梯、木階梯之外，還有高聳的大樹林立，走在其中，陰涼爽快無比。同時，「林口森林步道」沒有很陡峭的石階，不會讓人爬得氣喘吁吁，累得像狗一樣……

可是，在此我要特別一提的是，走在這條「林口森林步道」，你絕對不會迷路；因為，在這條步道上——**每一百公尺，都有長方條狀的木柱子，豎立在步道旁。而在這木柱子上方，都有「你現在正在何方」的告知地圖。**

這地圖，不是很大，但做得很精緻、清楚，也用壓克力板覆蓋著，不會被雨淋濕。它告訴你「你現在的所在地」，和「你已經走了幾公里、幾公尺了」？你只要順著地圖走，絕不會走丟。

哇，這是我走過數十個登山步道中，最貼心、最用心、對登山客最實用、最受惠的服務。

這木柱上的小地圖，它只是靜靜地豎立在步道的一旁，但卻也是新北市公務部門，提供給登山遊客最棒的感動服務啊！

## 感動服務小啟示

● **沒有特色、沒有創意、沒有感動的服務，客源就逐漸消失、離去……**

有一次，我去一家美髮業界演講，老闆在我演講後，上台做結語時，對著所有職員們大聲說：「我們做美髮業，就是要做出特色！你沒有特色，就是垃圾，知不知道？……我們美髮業界，競爭這麼厲害，你的剪頭髮手藝不好、沒有特色；你的服務態度不好，讓人沒有覺得有親切感、沒有感動，那你不是沒有特色，就變成垃圾嗎？……」

是的，一家店和員工，若沒有特色、沒有創意、沒有感動的服務，客源就逐漸消失、離去……

● **「創意」就是——創造源源不絕、生生不息的生意。**

一家飯店，除了提供例行的盥洗用具、舒適的枕頭、床具、沙發、浴巾……之外，還能提供「慢跑地圖」、「附近的消費、提款、娛樂場所」等資訊，就是一種創意服務。

所以，「創意，是平凡人翻身的籌碼」，也是「小公司反敗為勝的關鍵」。

有創意，不敷衍；有觀察、有突破，那麼——「創意與改變，就是新的起點」啊！

● **一個人有學歷，也要有創意；若只有混文憑、混生活，沒有創新的思維、沒有熱情的服務力，就是人才的浪費！**

宏碁公司董事長施振榮說：「一個人的學歷只是基礎，假如對社會沒有貢獻，即使學歷再高，也沒有用。」

所以，不管我們是誰，不管我們身在何方？在何處工作，只要我們相信自己、看好自己、也用心貢獻自己、熱情展笑顏地服務他人，則我們就是——一個有能力影響別人、幫助他人的快樂之人啊！

台積電董事長張忠謀說：「發現自己的熱忱，永遠不嫌晚！」

真的，只要有心，發現自我熱忱與熱情，也用心、用創意去服務他人，永遠都不嫌晚呀！

### 這樣做，客戶好感動

1. 沒有特色，就是垃圾；沒有感動服務，客源便逐漸消失。
2. 創意，是平凡人翻身的籌碼，也是小公司反敗為勝的關鍵。
3. 「創意」就是——創造源源不絕的生意。
4. 發現自己的熱忱與熱情，永遠不嫌晚。

# 假日飯店的**枕頭**

感動密碼

## 花若盛開，蝴蝶自來

你若是一朵芬芳的玫瑰，
一定會有人尋芳而來。
只要態度誠懇、積極、有效率，
也一定會感動客人！

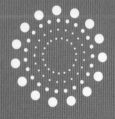

有一名周姓計程車司機，每當預約的客人上車時，他都會先準備好礦泉水、喉糖、報紙；也會先把車內打掃、布置得十分乾淨，並擺上鮮花。

而乘客一上車時，除了先問候之外，也會再問道——您想聽什麼樣的音樂？古典音樂？流行音樂？還是想安靜休息、不想講話？……

周姓司機總是穿著襯衫，打著領帶，給人專業、且值得信任的感覺。而在乘客要下車時，他也會快步地跑到右後車門，為乘客開門，或幫乘客把行李拿下車。他靠著這些用心的「細節力」，以及溫馨周到的小動作，讓他擁有百分之三十的熟客人、老顧客，也帶來了百分之七十的新客人！

同時，他「專業、用心、感動人的服務」，也為自己帶來一個月十餘萬元的收入。

**的確，「看重自己、善待他人、體貼顧客」，就是幫別人加水，我們也會增加許多無限的快樂！**

所以，大環境雖然不景氣，但我們要一直抱怨、咒罵、抗議嗎？要一直說自己「懷才不遇」、「社會不公」嗎？**不，不，要先「改變自己的心境和態度」，才能讓自己脫離困境、步入順境啊！**

其實，「有壓力，才會有活力、有創意！」一個人要懂得——「頂住壓力，透過活力、創意，與真心動人的服務，才能享受高績效與收入啊！」

就如同，上述的計程車司機，只要用心地改善自己的車內清潔、打扮自己成為更專業的形象，並且真誠地善待乘客，必然會受到肯定與讚許，業績也會大幅增加啊！

**所以，「看重自己、尊重別人；善於溝通、感動他人」，福氣與幸運，自然會降臨！**

## 不怕沒生意，只怕沒創意

另有一年輕人，在環境不景氣時，加入了便當連鎖店，賣起了便當。別人的生意不怎麼樣，但他的業績總是在連鎖店中名列前茅！

為什麼呢？因為，他堅持一個信念——「客人訂的便當，一定要馬上送到！」

這老闆請了好幾位工讀生，專門騎機車外送便當；因為他知道，沒有客人肚子餓時，還願意等便當姍姍來遲！只要菜色佳、速度快，價格合理，絕不讓客人久等，多請幾個工讀生、多花點成本又何妨？

客戶滿意、口碑甚佳，口耳相傳，生意自然愈來愈好，財源也會日日廣進！

**所以，「沒有不景氣，只有不爭氣！」**

**「不怕沒生意，只怕沒創意！」**

## ■花若盛開，蝴蝶自來

有句話說：「花若盛開、芬芳，蝴蝶自然來！」

在職場上，員工的服務態度表現，若是「積極、真誠、超值、有效率」，自然會感動客人；縱使只是個計程車司機，或賣便當的年輕人，也都一定會有讚美和口碑！

就像一朵盛開的花朵，哪怕蝴蝶不會聞香飛過來？

相同的，你若是一朵美麗芬芳的玫瑰，也一定會有人尋芳而來！

然而，有些人只會用舊思維，把自己框架住了，以致平淡地一天過一天，一直陷入無法突破的窠臼之中！

**我們都必須適度修正自己的腦袋——「動動腦、比創意！」因為，只有「用創意、用真心、用努力打造今天的人，才能享受美好的明天呀！」**

## 「顧客的抱怨，是最好的禮物！」

我帶孩子全家到美國旅行時，孩子們最喜歡住在「假日酒店」，最主要原因是，假日酒店的房間裡，一個床有四個枕頭，兩個床有八個枕頭。

這八個枕頭，孩子可以拿來玩、拿來睡、拿來抱……而其他飯店或酒店，每個床大概都只有兩個枕頭而已。

同時，假日酒店提供的枕頭，有「高低、軟硬」之分。平常我住飯店，最怕床上的枕頭，有的太低，有的太高；但假日酒店則提供高低、軟硬不同的枕頭給顧客選擇，甚至在枕頭套上方，用英文繡出「Firm（硬）」與「Soft（軟）」，讓顧客來挑選，期許顧客在睡覺時，睡得更舒服和安穩。

我相信，這項貼心的服務，也是聽取顧客的建議而做的。只要願意傾聽顧客的抱怨、建議，而加以改善，就能做到更貼心的感動服務。

• 假日酒店，一個床提供四個枕頭，而且提供「軟、硬」的不同選擇。

**●「一個滿意的顧客，會把他的經驗告訴六個人；而一位不滿意、不高興的顧客，卻至少會告訴十五個人。」**

因此，要把抱怨的顧客當「恩人」，不要把他當「奧客」（壞客人）或找麻煩；因為顧客的抱怨，是希望擁有更超值的服務與感受，企業員工都可以「心存感謝」、「不要爭辯」；同時，也保持沉著冷靜的心情，多傾聽、多感謝、多補救、多改進，這麼一來，才能贏得顧客的肯定與信任。

**●第一次就做好貼心的服務，才是最聰明的策略。**

顧客來消費時，就會產生「第一次印象」，我們很難有第二次的機會，來創造顧客先有的第一印象。

因為，有96%不滿意的顧客，他們遇到不滿意的服務時，根本懶得抱怨、申訴，而直接的反應是——「下次不再光顧」，而把生意轉給別人做。

而4%會抱怨、會客訴的顧客，其實才是最忠實的顧客，他們的抱怨與建議，才能使公司的銷售服務，做得更好、更有口碑。

## 這樣做，客戶好感動

1. 多鼓勵顧客來找碴、提供建議，客戶服務才會進步。
2. 你若是一朵芬芳、盛開的花，蝴蝶自然來。
3. 不怕沒生意，只怕沒創意。
4. 顧客的抱怨與指正，是最好的禮物。

# 輯四

# 尊重

# 先予後取，用真心換真情

# 髮廊裡的**小姐們**

感動密碼

## 客人，只給我們一次的機會

有眼光的對視、真心的對話，
才會使對方覺得受到尊重，
「自尊需求」才能得到滿足，
也才能提升顧客的「自我價值感」。

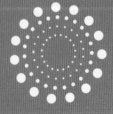

我有個朋友王小姐，趕著要南下出差，所以一大早就到一家小X髮廊去洗頭髮。這家髮廊上面寫著八點半開門，但她在門口等，八點三十五分才有一女店員出現，慵懶、毫無笑容地拉開鐵捲門。

「我可以先進來坐嗎？」王小姐問店員，但這店員還是沒表情、沒回答。

王小姐選了一靠窗的洗髮座椅坐著，後來，其他的店員也都陸續來上班。女店員應該是洗髮小妹、或許有些是設計師……他們拎著麵包、蛋餅、牛奶等早餐進來，坐靠在櫃台，一邊聊天、一邊吃早餐。

王小姐一個人坐在椅子上，沒有任何一位洗髮小妹或設計師過來和她說一句話，也沒有人幫她倒杯水，或遞上毛巾、或圍上洗頭巾……

王小姐說，她一個人枯坐在椅子，將近六、七分鐘，後來她受不了了，自己走下椅子，獨自離開那髮廊。而當她離開時，那些小妹、小姐們，都還在吃著早餐、聊天，也無人理會她。

王小姐對我說，她痛恨死這家「小X髮廊」了，從那時起，再也沒進入過那家髮廊。

## 理頭髮，先投一百元

有一次，我下了捷運，往出口走去，看到一家「快速剪髮店」；我平時較忙，也懶得專程走路到理髮店剪髮，就想順道修剪個頭髮。

我一走近，看入口有一個投錢機，裡面有一女理髮師；我進了門，開口問道：「要先投錢嗎？」

「對，先投一百元。」這女理髮師坐在靠近門口旁的椅子上，雙眼專心地滑動著手機；她沒抬頭，只是隨口回答我。

看著這女理髮師，我心涼了一大半，原本想理髮的心情改變了，不剪了！

此時，這女理髮師還是在玩滑著手機，我對她說：「小姐，客人來了，妳要看著客人講話！我走了，再見……」

女理髮師終於抬頭了，她，也看著我離開她的快速理髮店。

## 客人，只給我們一次的機會

曾有一家大電器公司的主管說：**「門市經營的成功與否，就是要讓顧客在走進店裡三秒之內，決定是否想繼續逛下去？」**

哇，他講的是「三秒鐘」耶，不是先前所提的「關鍵十五秒」。

一個門市如果雜亂無序、工作人員不理不睬，也沒笑臉，真的，顧客三秒鐘就不想再待下去了！

公司和門市的經營也是一樣，必須不斷地創新，在服務態度、語言表達，或眼光交集……都必須把握「黃金十五秒」的原則，或是「一眼三秒吸引人」的法則，來抓住顧客的心、創造顧客的忠誠度！

**所以，不管是「黃金十五秒」或是「關鍵三秒」，其實，強調的是——「客人只給我們一次的機會！」**

如果員工服務態度不好、沒有熱情、沒有感動，顧客就會揚長而去，我們就沒有第二次機會了！

也因此，不要把顧客的「抱怨與投訴」，視為是找麻煩，而是彌補與改進問題的好機會，也是一個寶貴的禮物！

## 感動服務小啟示

- **「自我尊嚴感」是人們的基本需求，每個人都希望「被人尊重、被人肯定」。**

我年輕擔任電視記者時，參加一次記者會，某部長在記者會前，很親切地與在場的記者們握手；當時，我身旁是友台一位頗知名的女記者，而我是沒沒無聞的新進記者，所以當部長走到我面前和我握手時，他的眼光卻注視著我身旁的女記者，而且很熱絡地和她寒暄……

那時，我真覺得「很失望」，甚至覺得「受辱」。因為，我沒有受到尊重啊！

- **「眼光的對視、真心的對話」，才會使對方覺得受到尊重，「自尊的需求」才能得到滿足，也才能提升對方的「自我價值感」（self-value）。**

沒錯，我是個沒有知名度的小記者，但當部長您來和我握手時，拜託您好歹也「看我一眼」、不要把我當成「空氣」好不好？再怎麼說，我也是一個好不容易才考上的電視記者，我也有「自我尊嚴感」啊！

假如對方連看都不看我們一眼，我相信，其「握手」只是虛情假意、敷衍了事，根本沒有真心誠意！

相同的，顧客進門時，如果沒有員工打招呼，也沒有親切的笑容，怎能讓客人感到窩心、溫暖、服務好？

所以，有人說：「沒有眼光對視，就沒有所謂的溝通。」

## ●用陽光燦爛的笑容，來接待客人。

多年以前，舉世聞名的旅館業大亨希爾頓，有一天召集員工說話：

「你們認為我們的飯店經營到今天，成效如何？」

有一員工說：「我們是世界上一流的飯店。」

希爾頓卻說：「可是，我覺得欠缺陽光。」

「不會啊，我們每個房間，都有陽光照射進來啊！」員工回答說。

「噢，不，我說的不是窗戶外的陽光，而是每一個工作人員臉上的陽光。」

希爾頓說道：「假如我們每個工作人員都能以笑容來接待客人、服務人員，我們的飯店才是第一流、擁有陽光的飯店。」

## 這樣做，客戶好感動

1. 微笑，是熱愛工作、熱忱服務的原動力。
2. 顧客上門前，就要先贈送給顧客一件禮物，就是「笑容」。
3. 要把顧客當「貴人」，因為客人是我們養兒育女最重要的「恩人」。
4. 「眼光的對視、真心的對話」，才會使對方感覺受到尊重。

# 凌晨兩點送汽油的業務員

感動密碼

## 用真心，才能換真情

有些業務同仁，
有情、有義、有心，
凡是使命必達，
真像是「當顧客的馬蓋先」……

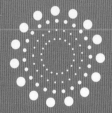

曾在報上看到一則報導，一位陳姓汽車銷售業務員，原本是直排輪教練，但薪水不高，就轉行賣汽車。可是，新手菜鳥賣車，兩個月連一輛車都賣不出去。

完蛋了，沒啥收入怎麼辦？連他的父母都為他操心不已。不過，度過艱困的「撞牆期」之後，他竟一個月連賣六輛車。

可是，之前賣不出一輛車，後來卻能漸入佳境，原因是什麼呢？陳姓業務員說：**「秘訣就是要掏真心、真情，主動去關心客戶。」**

他說，他幾乎每天都工作十五小時，時常在打電話或拜訪客戶；也曾在半夜凌晨兩點，接到客戶的車子在半路上沒汽油，無法動彈，打電話找他求救……

怎麼辦呢？半夜兩點、正在睡覺耶！但，此時，他二話不說就提著桶子，趕快開車去加油站買汽油，也立刻送汽油給困在半路的客戶。

哇，這麼有情、有義、有心，真像是「當顧客的馬蓋先」，使命必達啊！若換成是我的話，也會深受感動。而且，陳姓業務員也經常會在客戶生日時，特別掏腰包，贈送蛋糕加上卡片，讓客戶感動一下！

因為，他學習到——**「真心，就能換來感動與真情啊！」**

就這樣，這位陳姓業務員改變態度、用真心來對待客人之後，他賣車的速度，就像開快車一樣飆駛、上衝；不到一年，就以黑馬之姿，賣出一百輛車，奪得全苗栗縣汽車銷售第一名。

## ■「好服務」就會有「好口碑」

陳姓業務員說，有些客戶幾乎是全家族都向他買車，目前，有七、八成的業績，都是客戶的轉介紹，也都指名找他買車。

的確，每個客戶、朋友，都有他們的潛在人脈，都值得我們去開發、重視；只要**「笑臉迎人、真心相待、先予後取」**，就會交到好朋友，而且，也就可能再認識「朋友的朋友」，如此一來，咱們的「人際關係帳戶」就會逐漸增多，**「愛的存款簿」**也會不斷增加啊！

做生意的人、或做業務的人都知道，所謂「客人帶來客人」的道理；只要我們產品優良、禮貌周到、售後服務又好，口碑自然遠近馳名，客人就會為我們帶來其他客人。

## ■送給別人溫暖，自己也一定會有收穫

奧爾思（Ours）服務管理顧問公司總經理嚴心鏞，在他的大作《擁抱初

衷——忍不住說WOW的感動服務方程式》一書中，提到一則故事。

他說，一家他輔導培訓的美髮店助理，告訴他——

「嚴顧問，我們店前幾天來了一個日本客人哦！可是，我們沒有人會講日語，我自己連一句日語也都不會說，真不知道該怎麼辦才好？」

突然間，她靈機一動，就請同事趕快到附近的金石堂書店，花了四十元買了一份最新的日文報紙回來，趁這名日本男客離座、去沖洗頭髮時，放在他座位前的桌上。

這日本男士洗完頭髮，回到座位時，看到桌上有一份最新的日文報紙，好高興哦！忍不住發出開心、讚嘆的聲音，也講了一大串她聽不懂的日語……

「雖然我聽不懂他講了些什麼，但我想，他一定是很感動吧！因為，他後來給了我兩百元小費！」美髮小妹開心地說。

**莎士比亞曾說：「人們在滿意時，就會付出高價。」小事、小動作，往往最能打動客戶，進而達成交易。**

其實只要發自真心、也懂得察言觀色，多為客人著想，並運用點巧思，就可以使客人說出——「WOW」，太棒了，太令人感動了！

所以，用小小動作，送給別人溫暖，自己也一定會有意想不到的收穫。

## 感動服務小啟示

- **先給予、先付出，就會贏得對方的情誼，也可能得到窩心、溫暖的回饋。**

對待顧客、朋友相處或人際溝通之間，如果能「先給予、先付出」，就會贏得對方的情誼，也可能得到窩心、溫暖的回饋，這也就是所謂的「先予後取」的道理。

台灣景美女中拔河隊，勇奪世界盃冠軍的故事，曾被拍成電影《志氣》；其英文片名是：「Step Back to Glory」。

這個片名很有意思。

拔河，不同其他往前衝刺、爭取勝利的運動，而是要一步步、慢慢地往後退，才能堅持到最後、贏得勝利。所以，「退後，就是前進」、「退後，才能跳得更遠。」

● **服務，就是柔軟、彎腰的態度。**

在對顧客的服務也是一樣，要「先給予、先付出」、「先退後、先柔軟」，才能打動客人的心！這也是——「退後原來是向前」的道理啊！

所以，在處理客服與溝通上，「重點不在你所說的話，而在於你的說話方式與態度。」

● **「一開口說話，就是我們自己的廣告」；「每一次的服務，都是一場力求完美的演出」。**

本文中，美髮小妹能為日本客人，主動買一份最新的日文報紙，令我感動。在服務業中，員工若能想到——

「我能為客人多做些什麼？」

「有沒有更好的方法，來幫助顧客？」這種「能多為客人著想，並盡力做到」的精神，相信，就一定能夠贏得客人的讚譽。

## 這樣做，客戶好感動

1. 成交的秘訣，就是要掏真心、真情，主動去關心客戶。
2. 笑臉迎人、真心相待、先予後取，「愛的存款簿」就會不斷增加。
3. 溫馨、細微的小動作，往往最能打動客戶。
4. 每一次的服務，都是一場力求完美的演出。

# 乞丐的消費

感動密碼

## 讓顧客十分滿意，就是王道

先去喜歡顧客，
接納並尊重顧客，
讓顧客覺得十分滿意，
就能贏得顧客的歡喜與信任。

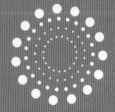

有一家生意很好的點心店門口，來了一個衣衫襤褸、身上散發出一股怪味的乞丐；周邊的客人見狀，都忍不住皺起眉頭，臉上露出嫌惡的表情。

此時，店員立刻揮手，叫乞丐趕快離開，以免影響到其他客人。

可是，乞丐卻拿出幾張髒兮兮的小額鈔票和銅板，拼湊在一起，畏縮地對店員說：「我……不是來乞討的……我聽說這裡的點心很好吃……我好想吃……我這些錢，是不是可以買一些包子、點心……」

正當店員要趕走乞丐時，老闆立刻走上前，雙手奉上兩個熱騰騰的包子和其他點心，恭敬地遞給乞丐，並深深地對他一鞠躬，微笑地說道：「多謝您的關照，歡迎再度光臨！」隨後，老闆也收下乞丐手上的錢。

以前，不論多麼尊貴的客人來買點心，老闆都是交由店員們來招呼；可是，這次面對一個乞丐，老闆卻是破天荒地親自出來招呼這客人，而且竟是如此恭敬、客氣。為什麼呢？

老闆對員工說：「那些經常來我們店裡消費的客人，我們當然都十分歡迎，可是，他們都是有錢人，買點心對他們來說，是一件很平常的事……但是，今天來的這個客人卻不一樣，他為了想吃我們做的點心、包子，花了很多時間去乞討錢、拼湊一些零錢，我不親自為他服務、謝謝他，怎麼對得起他的心意呢？」

「可是，那你為什麼要收他的錢呢？」身旁的孫子一臉不解地問。

這時，老闆笑笑地回答：「他今天來我們的店裡，不是一個『乞丐』，不是來討飯、討錢的，而是以一個『客人』的身分來買東西，所以我們應該尊重他……如果我不收他的錢，對他來說，豈不是一種侮辱？所以，**我們一定要記住，要尊重我們每一個顧客，哪怕他是一個乞丐；因為，我們的一切，都是顧客所給予的。」**

## 尊重來店裡的每一個顧客

上述故事的這位老闆，就是曾經兩次被《富比士》評為世界首富的日本大企業家「堤義明先生」的爺爺。

爺爺對一個乞丐恭敬、鞠躬的舉動，深深地烙印在當時只有十歲的堤義明腦海裡。

後來，堤義明成為大老闆、企業家，曾多次在集團的員工培訓會上講到這個故事——「我們所有的員工，都要像我爺爺一樣，真心敞開胸懷，用心尊重每一個來我們店的顧客！」

## ■喜愛別人、尊重別人，才能贏得信任

所以，每個顧客的身上，不管是貴賤，都帶著一個「看不見的訊號」，那就是——

「請讓我感覺自己很重要！」

「請多看重我一下，別把我當空氣，好嗎？」

懂得尊重別人、體諒別人，就是使對方有「被看重」的感覺，也讓別人心裡有「自我價值感」與「自尊的需求」。

這也就是說：**「想獲得別人喜愛，就要先去喜愛別人！」先去「喜愛別人、尊重別人」，就能贏得顧客的歡喜和信任，因而達成交易。**

## 感動服務小啟示

### 顧客十分滿意，才是「黃金比例」。

前一陣子，台北一家國際知名的大餐廳被爆出了一則新聞——有客人認為炒飯味道不夠鹹、或不夠辣，要求加醬油或辣椒，必須加收五十元的費用。

此一作法，引起社會各界的批評聲浪！因為，每次炒飯若用約十五毫升的醬料計算，成本不過是1.3元，可是加收客人五十元，就是「四十倍的加收」啊！

面對顧客的大聲指責與批評，該餐廳表示，因為有些客人的口味比較重，若要求加醬油、加辣椒，會增加廚房人員的作業負擔。過兩天，該餐廳又宣布，取消客製化的服務，亦即，不再提供顧客要求炒飯加料的服務，堅持只賣「黃金比例」的原味炒飯；消費者想吃鹹一點、辣一點，就算要加錢，也不行！

哈，這則新聞引起了很大爭議。

這一家國際知名的大餐廳，竟是如此的服務態度，令人咋舌。他們精算到——以「黃金比例」的炒法，一鍋炒飯可以分成「四份」，分給四個人；但若另額外要加醬油、辣椒，就必須一鍋一份地另外炒，很浪費時間和人力成本。

然而，什麼叫做「黃金比例」呢？

只有來店顧客覺得「十分滿意」，才是「黃金比例」啊！

## 不要斤斤計較，要送出超越的期待。

老闆若只在意多加醬油、辣椒，會增加廚房人員的時間、人力成本，而讓眾多顧客引起反感，造成無數媒體的「負面報導」，這樣划得來嗎？

所以，來店裡的顧客，都很重要，不要輕看他們，也不要斤斤計較呀！

顧客來店消費，就是：「買產品、送服務，也送出超越的期待」，這才是黃金比例。但，若斤斤計較，硬要顧客另付不該付的小錢，其效果，可能適得其反。

● **「外表整潔、微笑待客、靜淨有禮」，是企業成功的基本關鍵！**

美國舊金山的諾得斯壯百貨公司，告訴員工們，公司只有兩項顧客服務規則：

第一條：隨時運用個人的良好判斷力，服務顧客。

第二條：沒有別的規定了。

擔任第一線的服務員工，「外表整潔、微笑待客、靜淨有禮」，都是企業成功的基本關鍵！但是，優質的服務也包含——必須對員工有所信任和尊重，授權員工運用個人的良好判斷力，竭盡所能地去服務顧客、滿足顧客，才不會引起「令消費者反感」的負面媒體效應。

## 這樣做，客戶好感動

1. 每個顧客都期待「備受禮遇，讓自己感覺很重要」！
2. 讓顧客感覺十分滿意，才是黃金比例。
3. 授權員工，隨時運用個人的良好判斷力，服務顧客。
4. 買產品、送服務，也送出顧客的超越期待。

# 按摩椅店裡的冷與熱

感動密碼

## 對人微笑，是最便宜的投資

若不懂得微笑迎客，
怎會有好生意，
就算是對顧客演戲吧，
表情也令人感到開心歡喜啊！

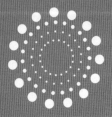

有一天，我經過一家按摩椅店。我因演講關係，需要經常久站，所以想買一台腳底按摩機。我走進店裡，看店的小姐坐在櫃台前滑玩手機；她抬頭看我一眼，沒講話，沒笑容，也沒搭理我。

我自己看到旁邊的按摩機，自己走過去，坐下來，也把腳掌放入機器裡，試著按摩一下。這時，女店員站了起來，移動一下腳步，站著與我距離約三公尺；她還是沒有笑容，只是冷冷的看著我，也沒講話……

其實，這腳底按摩器我在量販店試用過了，滿好、也滿舒服的；我心想，問一下價錢，沒問題，就直接買了帶回去。可是，看到這小姐隔著我約二公尺，沒笑容，冷冷的，也不說話，我真的不太舒服。

我坐在腳底按摩器椅上，按了約一分鐘，我站了起來，對她說：「小姐，妳好像是不笑的噢……妳可以對客人笑一下，妳笑起來會更好看……」

講完，我抽出了雙腳掌、穿上鞋子，拿著汽車鑰匙，靜靜的，離去……她，則愣在一旁。

## 「對人微笑，是最便宜的投資！」「熱情與感動，是成交的開始！」

服務業的朋友，若對於工作沒有熱情、沒有微笑、也沒有讓人有所感動，怎麼會有成交的業績？

說真的，我很想要那一台腳底按摩器，因它體積不大，放在我的辦公桌下很實用、方便；可是，說真話——我不想跟這「不笑、不開口說話、臉無表情的小姐買」。

## 成為傳遞快樂的「微笑天使」

有一天，我又開車經過那家按摩椅店，我從車窗內，看到今天值班的店員，哇！太好了，不是上次那位不笑、冷漠、不說話的小姐；於是，我停了車，走進去……

這位小姐一看客人進來，馬上笑臉迎人地對我打招呼……我也笑笑，再坐上椅子，雙腳放入腳底按摩器。這小姐走了過來，半蹲下來，告訴我這台腳底按摩器的優點、用法……

唉……人不一樣，態度差別還真大呀！這女店員笑嘻嘻、很開朗地和我說話，即使一直半蹲著，也沒站起來過。

「我知道這腳底按摩器很不錯，可是，妳們有另一個女店員，很冷、都不笑的……害我都不願進來買……」我隨口抱怨了一下。

「哦，真的嗎？……」這女店員笑笑說：「噢，我大概知道是哪一位了。」

在店裡，我和這女店員聊了很開心，這女店員問我的貴姓？職業？

我說，「是寫書的，姓戴。」

「哦……我知道了，你是那位戴老師……我有看過你好幾本書耶……」女店員很開心、表情燦爛地說。

後來，這女店員打電話徵得老闆同意，以七折的特優惠價格，賣給我那台腳底按摩器，也謝謝我反應了她們的店員，對顧客態度冷漠的事。

**「微笑、肯定、讚美」，是成功人際互動的催化劑。**

多微笑、多說好話，就能「傳遞快樂」！

我們都可以成為一個傳遞快樂、服務他人的「微笑天使」啊！

● **能夠笑、能夠哭，都是最大的幸福啊！**

曾經在報紙上，看過一女讀者說，一天清晨，她一醒來，刷牙時，發現她的漱口水一直流，嘴巴居然閉合不起來；她試著動動臉部肌肉，天啊，她竟然笑也不能笑。

她趕緊去醫院掛急診！醫生說，她得到了「顏面神經麻痺」——不能笑，也不能哭，臉部肌肉僵硬、麻痺，不能動！

「天啦，怎麼辦呢？年紀不到三十歲，竟然得到顏面神經麻痺！」女讀者萬萬沒想到，會遇上這種病。還好，經過醫生調理、醫治，她逐漸好轉了。

● **主動微笑、迎接顧客、倍增業績！**

後來，這女讀者說：「能夠笑、能夠哭，都是最大的幸福啊！」的確，有些人得了「乾眼症」，傷心、難過時，都掉不出眼淚。有些人得了「乾燥症」，身體皮膚經常奇癢難耐，無法入睡。

有些人看不到、不能走、不能跑、不能跳、不能唱、不能笑……

「人，能夠微笑，是多麼的幸福啊！」

可是，有些服務業的同仁，卻不知道「主動微笑、迎接顧客、倍增業績」的道理，多麼可惜啊！

## ●猶太人有一句諺語：「在你還不懂得微笑前，千萬別開店。」

的確，人若不懂得微笑迎客，怎能有好生意？

金爵曼事業群（Zingerman's Community of Businesses）創辦合夥人之一，阿力．威茲維格（Ari Weinzweig）曾出版一本書，中文譯名為《10步微笑，4步開口》；此書名告訴讀者們——對距離十步的顧客，要做明確的眼神接觸、微笑致意；對距離四步的顧客，就要主動開口，歡迎致意！

是的，一看到顧客進入，就算是對顧客演戲吧，其表情也要令人感到無比熱情、開心歡喜呀！

### 這樣做，客戶好感動

1. 對人微笑，是最便宜的投資。
2. 熱情與感動，是成交的開始。
3. 在你不懂得微笑前，千萬別開店。
4. 見到顧客十步時，就要微笑；四步時，就要開口。

# 垃圾車司機的禮物

感動密碼

## 多點雞婆，點亮封閉的心

想要做好服務，
就得先幫助顧客，
也就是要「雞婆」一點，
那麼，顧客也會忠誠以報。

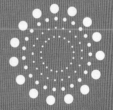

大家都聽過所謂的「自閉症」（autism），可是自閉症有什麼特徵呢？自閉症是腦部功能異常，而引起的一種發展障礙，徵狀通常是在幼兒三歲前出現。其障礙是——「人際關係障礙」、「語言和溝通障礙」，以及「反覆固定的行為障礙」。

自閉症的孩子，對人常缺少反應，也比較難體會別人的情緒與感受；同時，這些孩子的固定習慣若被改變，就會表現出不能接受而抗拒、哭鬧，或搖晃、旋轉身體、拍手等異常行為。

ㄈ美國加州有一個五歲的小男孩丹尼爾，他患有自閉症，平常比較少和鄰居小孩互動。

丹尼爾的媽媽紐伯格（Robin Neuberger）在臉書上說，她曾經給兒子看YouTube上，一則有關垃圾車的影片，從此兒子丹尼爾就迷上了垃圾車。因此，丹尼爾都會等待每周一來家中院子收集垃圾的垃圾車。

每當垃圾車來的時候，丹尼爾就笑嘻嘻地，小手隨著垃圾車的行徑與收倒垃圾的聲音，手舞足蹈。丹尼爾似乎愛上了垃圾車，他和父親也都會在垃圾車來家裡的前一晚，把垃圾桶拿到門口，等待週一的垃圾車，來把垃圾載走。

而固定開垃圾車的司機，名叫桑契斯；當他看到丹尼爾每週一，在家門口開心地拍手、扭著小屁股、歡迎他的垃圾車時，桑契斯也會露出大大的笑容，和丹尼爾打招呼！

每週一，歡喜地歡迎垃圾車前來收倒垃圾，似乎成為丹尼爾最高興的時刻，或許可以說，變成丹尼爾的「例行儀式」。

## 貼心的小舉動，點亮封閉的心

前不久，丹尼爾又照例，興沖沖地在前院子觀看垃圾車的到來；他依然隨著垃圾車收倒垃圾的聲音，像指揮交響樂一般地、有節奏地指揮著……

不久，司機桑契斯突然走下垃圾車，問丹尼爾的母親：「我可以送給小孩一個禮物嗎？」

「可以啊……」丹尼爾的母親有點驚訝。

於是，桑契斯就把拎在手上的橘色塑膠袋子，交給了小男童。

丹尼爾接過袋子，打開一看——天哪，竟然是一組「全新的玩具垃圾車」。

哇，這真是個「太貼心」的禮物了！

小丹尼爾喜出望外地看著這組玩具垃圾車，真是開心極了！巧合的是，這組玩具垃圾車，就是丹尼爾去年聖誕節收到，但後來已經玩壞的同一款玩具垃圾車。

丹尼爾的媽媽，把垃圾車司機桑契斯如此貼心——「主動送自閉症兒子禮物」的過程影片，上傳臉書，馬上有超過十萬人深受感動，轉載分享。

「一個貼心的小舉動，就能點亮自閉症兒童的生命！」丹尼爾的媽媽十分感謝地說。

而「自掏腰包、送禮物給丹尼爾」的垃圾車司機桑契斯，也獲得公司的大大獎勵。

## 送給別人溫暖，自己也一定會有意想不到的收穫

《服務力——看不見的商品，蘊藏無價的商機》一書中強調：想要做好服務，就得先幫助顧客。有時候，就是要「雞婆」一點。

的確，在企業服務中，若能主動、多雞婆地釋送出「溫暖」，就會獲得顧客的友誼、善意的回饋。

開著垃圾車的桑契斯司機內心，就是有著一顆「雞婆的歡喜心」；他的內

心一定想著：「能為你做點事，我很高興」，才會主動送給自閉症小孩禮物。

**真的，在服務他人中，只要能有「不求回報的付出」，也有一份「甘心樂意的歡喜態度」，則一定會獲得顧客的讚賞與肯定！**

而且，**「多一點主動與雞婆，顧客也會忠誠以報！」**

## 感動服務小啟示

- **在職場中，心存「歡喜心」是一件最重要的事。**

顧客一進了消費場所，沒有人想看到員工的臭臉，只想看到愉悅的笑臉；不想看到員工「嘴角往下」，只想看到「嘴角往上」！同時，員工若有「能為你做點事，我很開心」的態度，則與顧客的互動，一定很歡喜、順利。

- **「多謙卑、多請教；少抱怨、多微笑！」**

天下文化事業群創辦人高希均教授說：「青年人找不到工作、沒頭路，政府沒欠你，是你欠自己。」

高教授說，現在資訊取得容易，人人有手機，年輕人花太多時間在不相關、不入流的資訊，「四年都玩掉，是最可怕的事……」

「大學生畢業找不到工作，是誰的責任？……當然是學生自己的責任……工作要自己找！」

的確，學生畢業找工作，身段不柔軟、好高騖遠，覺得自己大材小用，不懂得「多謙卑、多請教；少抱怨、多微笑」，怎麼會有績效表現？怎麼會被看重、被大力拔擢？

在本文中，垃圾車司機懂得主動「送出溫暖」，給予自閉症的小孩；他不求回報、甘心歡喜，這種真心真情的服務，真是十分難得呀！

● **用歡喜心善待顧客，天天投資人脈庫。**

所以，在職場服務中，我們可以學習——

1. 多用心、認真、積極，並且身段柔軟。

2.主動送出溫暖給顧客，也心存「為你做點事，我很高興」的心。
3.用歡喜心善待顧客，用心交陪，就是天天投資人脈庫。
4.關懷顧客，就像對待自己親人一樣，才能建立情感，培養出「麻吉」的好朋友。
5.多看、多學、少抱怨、找機會多付出，就一定會有好運發生在我們身上。

**這樣做，客戶好感動**

1. 用貼心、溫馨的小舉動，來贏得顧客的心。
2. 送給別人溫暖，也一定會有意想不到的收穫。
3. 「多謙卑、多請教；少抱怨、多微笑」，就一定會有好運發生。
4. 多點主動與雞婆，顧客就會善意回報。

# 黃金15秒的感動溝通

## ——戴晨志22個心美、嘴甜、不矯情的職場態度

作者 戴晨志
主編 陳秀娟
責任編輯 陳秀娟
美術設計 我我設計
內文版型 林曉涵
校對 戴晨志、陳秀娟
行銷企劃 塗幸儀
第五編輯部總監 梁芳春
董事長 趙政岷
出版者 時報文化出版企業股份有限公司
108019台北市和平西路三段二四〇號七樓
發行專線：（〇二）二三〇六—六八四二
讀者服務專線：〇八〇〇—二三一—七〇五・（〇二）二三〇四—七一〇三
讀者服務傳真：（〇二）二三〇四—六八五八
劃撥帳號：一九三四四七二四 時報文化出版公司
讀者服務信箱 一〇八九九 臺北華江橋郵局第九九信箱
時報悅讀網 http://www.readingtimes.com.tw
電子郵件信箱 yoho@readingtimes.com.tw
法律顧問 理律法律事務所 陳長文律師、李念祖律師
印刷 勁達印刷有限公司
第一版第一刷 二〇一四年六月二十日
第一版第二刷 二〇二〇年十月二十九日
定價 新台幣二六〇元

時報文化出版公司成立於一九七五年，
並於一九九九年股票上櫃公開發行，於二〇〇八年脫離中時集團非屬旺中，
以「尊重智慧與創意的文化事業」為信念。
版權所有 翻印必究（缺頁或破損的書，請寄回更換）

黃金15秒的感動溝通—戴晨志22個心美、嘴甜、不矯情的職場態度/ 戴晨志著. -- 初版. -- 臺北市 : 時報文化, 2014.06
面； 公分
ISBN 978-957-13-5987-8(平裝)

1.企業管理 2.顧客服務

494 103009822